Erläuterungen

der

Jugendgedichte Schillers.

Von

Fritz Jonas.

Motto:

„Wenn die Könige bau'n, haben die Kärrner zu thun."

Berlin.

Druck und Verlag von Georg Reimer.

1900.

Seinem Freunde

Ludwig Bellermann.

Vorwort.

Zu einem umfassenden, würdigen Kommentar der Schillerschen Gedichte, und namentlich zur Erklärung der Jugendgedichte, bedarf es, glaube ich noch der Vorarbeit vieler. Meine Erläuterungen bringen fast nur Beiträge zum sprachlichen Ausdruck und zur Erklärung des Gedankeninhalts, und auch auf diesen Gebieten sind sie gewiß noch nicht erschöpfend. Andere Gebiete, wie die Reime, Metrisches, Grammatisches, Textkritisches und Aesthetisches berühren sie kaum. Vielfach konnte ich mich auf Vorarbeiten anderer stützen, die meine Erläuterungen eben nur ergänzen sollen. Oft habe ich meine Gewährsmänner genannt, aber freilich nicht immer. Das wäre zu weitläufig gewesen, und oft wußte ich auch nicht zu entscheiden, wer die einzelne Parallelstelle zuerst aufgefunden hat. Ich habe eben in ganz freier Weise das hervorgehoben, was mir zu wiederholen oder hinzuzufügen wichtig erschien, bald weniger, bald mehr, je nach Bedarf oder nach meinem

Vermögen. Aber wiederholt habe ich meist nur solche Bemerkungen anderer, die ich entweder bestritten oder ergänzt habe, oder die meines Erachtens noch nicht genügend beachtet worden sind.

Möchte die anspruchslos dargebotene Arbeit wenigstens als eine kleine Förderung der Schillerforschung anerkannt werden und anderen Anregung geben, mehr zu bieten. Daß meine Erläuterungen nicht wenig Neues hinzubringen, werden die Forscher nicht verkennen. Ich weiß, daß manche solche Kleinarbeit bespötteln; ich halte sie für notwendig. Daß ich sie andrerseits nicht überschätze, mag das Motto beweisen, das ich diesem Hefte vorangestellt habe.

Berlin, Juli 1900.

Fritz Jonas.

1.

Gedicht zum Neujahr.

[Gödeke, Schillers sämtliche Schriften I 4; Bellermann IX 13.]

Ich halte, abweichend von den bisherigen Erklärern, sowohl die deutsche wie die lateinische Fassung für Kinderarbeit und möchte nicht einen Lehrer dafür verantwortlich machen. Möglich bleibt ja, daß der Lehrer etwa die Anregung und den Grundgedanken zu dieser Neujahrsarbeit seinen Schülern gegeben hatte.

Zu Vers 6 der deutschen Fassung: „Verbleibe stets Ihr Trost und Teil" vgl. Psalm 73, 26. In Reihe 9 des lateinischen Textes ist in den Drucken ein Wort ausgefallen. Die Handschrift im Weimarer Goethe-Schillerarchiv liest: verbum suum sit pascuum vestri cordis. Vgl. das Facsimile in Wychgrams Schiller. Suum ist hier ungewöhnlich, aber durch den besonderen Nachdruck, in dem es steht, vielleicht zu rechtfertigen.

Die lateinischen Schulgedichte übergehe ich hier. Einiges zu ihnen habe ich früher im Archiv f. Littgesch. XIV, 211 angemerkt.

2.

Der Abend.

[Gödeke, I 27 ff.; Bellermann IX 17.]

Das Gedicht steht dem ganzen Tone nach sichtlich unter dem Einfluß Klopstocks und Hallers, wenn mir auch Hoffmeister-Viehoff, 1874 I 50 mit der Behauptung zu weit zu gehen scheint, daß es ein vollständiges Pendant zu Hallers Morgengedanken und genau ebenso angelegt sei. Auffallend erscheint mir, daß Schiller, der damals noch in Klopstocks Banne stand, in einem Gedicht auf den Abend des Mondes gar nicht erwähnt.

V. 1: Die Sonne zeigt, vollendend gleich dem Helden.

Vgl. Psalm 19, 6; Gellert: Die Himmel rühmen 2c. Schiller: Die Räuber III 2: Schwarz: „Wie herrlich die Sonne dort untergeht! Moor: So stirbt ein Held"; Selbstkritik der Räuber, Gödeke, II 361: „Er ging auf wie ein Meteor und schwindet wie eine sinkende Sonne"; Cabale und Liebe IV 8: „Groß wie eine fallende Sonne will ich heut vom Gipfel meiner Höhe heruntersinken". Totenfeier am Grabe Riegers 15: „Einer Sonne Untergang".

V. 3: Für andre, ach! glücksel'gre Welten Ist das ein Morgenangesicht.

Weltrich I 179 sieht in diesem Verse eine verhüllte Hinweisung auf die Freiheit Amerikas (ebenso Boas, Schillers Jugendjahre I 120). Bellermann bemerkt zu dem Wort, „glücksel'gre": „Wohl, weil ihnen jetzt der Morgen tagt. Oder bloß Ausdruck der wehmütigen Abendstimmung". Da der Dichter gerade den eigenartigen Reiz des Abends besingen will, liegt es freilich nicht nahe, einzuschieben, der Morgen sei eigentlich weit schöner als der Abend. Andrerseits entspricht aber der Stimmung des Gedichts auch wieder eine politische Anspielung nicht recht. So scheint mir Bellermanns Deutung noch die wahrscheinlichere. Beim Abschied, beim Niedergang der Sonne denkt der Dichter ihres belebenden Aufgangs, bei ihrem Tode ihrer Auferstehung. Vgl. Johann Adolf Schlegel, Das Weltgebäude, 145: „Wenn friedliche Schatten zur Hälfte sie [die Erden] decken, Bestrahlet, vom Schlummer zur Arbeit zu wecken, Die andre Hälfte nun dein [o Sonne] Schein".

V. 12—17.

Das Schwäbische Magazin, Döring und Boas haben nach dem Worte „Ziel" einen Punkt, Hoffmeister ein Semikolon, Bellermann ein Ausrufungszeichen, ich würde ein Komma vorziehen. Den Punkt bekämpft mit Recht schon Viehoff; denn die folgenden Worte „mich gehoben, getragen sein" sind auch noch als abhängig von „laß" (Vers 10 und 11) zu denken. Boas' Lesart (Nachträge I 1) „getragen sehen" würde den Punkt nach „Ziel" rechtfertigen, wenn man mit ihm V. 16 nach „Gefühl" statt eines Punktes einen Gedankenstrich setzt. Aber geholfen ist mit dieser Konjektur nichts: „Mich gehoben, getragen sehen — für Könige ist's geringe" paßt doch nicht zusammen, da bricht eben doch die Konstruktion ab.

V. 20: Teil' Welten unter sie — nur, Vater, mir Gesänge!

Vgl. die Teilung der Erde: „Die Welt ist weggegeben — Willst du in meinem Himmel mit mir leben, So oft du kommst, er soll dir offen sein"; Die Winternacht, 51: „Und bleibt mir nur errungen mit Gesängen Zum Lohn ein teutscher Lorbeerkranz".

V. 20—22: Ha, wie die müden Abschiedsstrahlen
Das wallende Gewölk bemalen!

Vgl. Haller, Die Alpen, 192: „Und nun das müde Licht sich senkt in kühle Ruh"; Schubart, Abendlied 7: „Noch seh' ich ihre Strahlen den Abendhimmel malen"; Schiller, Die

Glocke 329: „Wo der Himmel, Den des Abends Röte lieblich malt". Klopstock, Messias II 656: „Wallendes Silbergewölk"; Klopstock, Die frühen Gräber: „Das Gewölk wallte nur hin".

V. 24: Wie die Abendwolken sich im Schoß der Silberwellen baden.

Die Spiegelung in den Wellen führt Schiller mit Vorliebe an. Vgl.: Der Sturm auf dem Tyrrhener Meer 129: „Und spiegelt sich mild im ruhigen Meer"; Amalie 3: „Rückgestrahlt vom blauen Spiegelmeer"; Leichenphantasie 37: „Nachgespiegelt von silberner Flut"; Vorwurf an Laura 31: „Gleich dem Sonnenbilde in der Welle"; Kastraten und Männer 97: „Spiegelfluß"; Melancholie an Laura 10: „Spiegelwelle"; Die Künstler 123—134: „Gefällig strahlte der Kristall der Wogen die hüpfende Gestalt zurück" u. s. w.; ebenda 336: „Wie auf dem spiegelhellen Bach die bunten Ufer tanzend schweben"; Das Reich der Schatten 96: „Und auf seiner Wellen Silberrande malt Aurora sich"; Der Spaziergang 32: „Wallet des grünlichten Stroms fließender Spiegel vorbei"; An die Freunde 29: „Auf des stillen Baches ebner Fläche Spiegelt sich das Sonnenbild"; Würden 1: „Wie die Säule des Lichts auf des Baches Welle sich spiegelt".

V. 26: Gold wie das Gelb gereifter Saaten.

Vgl. Haller, Morgengedanken: „Und brennend Gold bedeckt das Feld".

V. 28:

Zur seltenen Form „vergöldet" statt vergoldet oder vergüldet. Vgl. Lieder Sineds des Barden, Das Donnerwetter 93: „Ihrer Blicke letzter göldet mein — Harfenspiel".

V. 30: Das Thal beschwimmt ein Feuermeer.

Vgl. Schiller, Morgenphantasie 21: „Und Düfte beströmen die lachende Flur". Adelung sagt: Beschwimmen = beschwemmen und citiert Opitz, Ps. 104: „Der Felsen

Haupt — Stand ganz beschwemmt, war mit der Flut bedeckt. Die Form „beschwimmt“ könnte aus der schwäbischen Aussprache erklärt werden wie Räuber V 1 nimmt für nehmt (vgl. Joachim Meyer, Neue Beiträge S. 10). Aber ob die Bedeutung wirklich hier überschwemmen, bedecken sein soll, ist mir nach einer freundlichen brieflichen Mitteilung des Herrn Dr. Koßmann im Haag zweifelhaft geworden. Er meint, Schiller habe mehr die Vorstellung des Ringsumflutens, Umschwimmens als die des Bedeckens gehabt, und vergleicht treffend Elysium 7—9: „Jugendlich milde Beschwebt das Gefilde Ewiger Mai“; vgl. auch Hölty, Christel und Hannchen: „Und das Gold der sinkenden Sonn' umbebte die Aehren“. Der Unterschied ist fein, aber er ist vorhanden, und ich trete Koßmanns Deutung bei. Der Sinn ist also nicht: ein Feuermeer deckt das Thal zu, sondern: ein Feuermeer läßt das Thal in sich schwimmen, das Thal badet sich, schwimmt im Feuer, bleibt aber als Thal sichtbar. Vgl. dagegen auch Wieland Aurora und Cephalus 680: [Ein Wolkenbruch] „Ein sichres Thal schnellrauschend überschwimmt“.

V. 33: Falb war ein Lieblingswort Hallers.

Vgl. Drescher, Nachwirkungen A. W. Hallers, Vierteljahrsschrift f. Littgesch. VI 59.

V. 35: D i e K ö n i g s t a d t b e s c h i m m e r t.

Vgl. Klopstock, Messias IV 282: „hochtürmende Königsstädte“; Schiller, Der Eroberer, 52: „Flammende Königstadt“; An die Sonne 32: „Die himmelaufschimmernde Städte“; Die Herrlichkeit der Schöpfung 24: „schimmernde Königstädte“; Vorwurf an Laura 23: Fürstenstädte.

V. 41: G e p f l ü c k e t i m E l y s i u m.

Das Schwäbische Magazin und alle Drucke lesen: im Elysium. Durch eine handschriftliche Notiz Boxbergers bin ich darauf aufmerksam gemacht, daß Schiller Elysium sonst ohne Artikel gebraucht habe. Ich glaube auch, daß hier „in Elysium" zu lesen ist. Elysium, elysisch ꝛc. sind Lieblingsworte des jungen Schiller: Vgl. Der Eroberer 38; Von der École des Demoiselles 2, 1; Leichenphantasie 32; Der Abschied Hektors 12; Laura am Klavier 40; Die sel'gen Augenblicke 44; Der Triumph der Liebe 24, 172; Der hypochondrische Pluto 132, 167; Kastraten und Männer 98; Elysium 2, 4; Semele 204; An die Freude 2; An Körner 42; Die Götter Griechenlands 122; Die Künstler 77. Eine scheinbare Ausnahme ist Venuswagen 78: „O, auf Erden das Elysium". Aber hier ist das nicht Artikel, sondern Demonstrativum und ironisch zu fassen gleich: o, auf Erden das vermeintliche Elysium, das eher Hölle zu nennen ist. Ferner finde ich im Briefe an Körner vom 11 Julius 1784: „Deine Freudschaft und Güte bereitet mir ein Elysium". Aber auch hier liegt der Fall etwas anders; ein Elysium heißt hier eine Art von Elysium. Aehnlich Räuber 2. Bearbeitung 107: „Um ein Elysium der Liebe ist mir dieser Triumph nicht feil".

V. 46: und tränkt den Hirt.

Im Schwäbischen Magazin war Hirt(en) gedruckt und auch Viehoff erklärt Hirt für einen Deklinationsfehler. Aber ähnliche Formen finden sich auch sonst bei Schiller und anderen Schriftstellern und auch in der Bibel oft. Vgl. Kampf mit dem Drachen 17: „Der Hirt und Heerden uns verschlungen"; Graf Eberhard 3, 19: „manchen Held"; Die Zerstörung Trojas 432: „Vom fernen Fels"; Nänie 8: „Nicht errettet den göttlichen Held;" Kampf mit dem Drachen 183: „Tief in den Fels"; Der Handschuh 31: „Umgeht er den Leu"; Die Glocke 381: „Gefährlich ist's, den Leu zu wecken"; Recension der Proben einer deutschen Aeneis von Städlin Bellermann XIII 178): „Ich wünsche nichts als einen würdigen Held"; Geschichte der französischen Unruhen (Gödeke IX 342): „bildete ihn zum künftigen Held"; Jungfrau von Orleans V 11: „Den Falk erkenn' ich"; Klopstock,

Meſſ. II 895: „Ueber den Fels“; V 444: „Sehe den Fels“; Stäudlin, Hymne an Gott: „Ueber den brüllenden Leu“; Goethe, Adler und Taube 19: „Auf dem niedern Fels“; Goethe, Luſt und Qual 2: „Auf dem ſchwarzen Fels“; Pſalm 89, 20: „Ich habe einen Held erwecket“; 2. Moſ. 17, 6: „Ich will daſelbſt ſtehen vor dir auf einem Fels in Horeb, da ſollſt du den Fels ſchlagen“; ähnlich Richter 6, 20 u. 21; 13, 19. Lucas 8, 6 u. 13; Jeſ. 51, 1; 5. Moſ. 52, 15; Pſalm 40, 3; 1. Cor. 10, 4 u. ſ. w.

V. 49: Des Lied das ganze Thal durchirrt Und wiederholt im Thale wird.

Viehoff vermutet: im Walde ſtatt im Thale. Es iſt aber nichts zu ändern: Das Lied ertönt im Wiederhall noch einmal hörbar im Thale. Es ſoll gar nicht geſagt werden, daß das Thal ſelbſt den Schall zurückwirft.

V. 53—56:

Bezaubert von dem Götterſchall
Wagt itzt kein Blatt vom Baum zu rauſchen,
Stürzt langſamer der Waſſerfall.
Der kühle West beweht die Roſe.

Wenn itzt kein Blatt vom Baum zu rauſchen wagt, ſo paßt wenig dazu, daß der kühle West die Roſe beweht.

V. 57: Die eben itzt den Buſen ſchloſe.

Bellermann vergleicht außer ſahe, das häufig iſt: flohe Don Karlos 1965 und hielte Venuswagen 111. Vgl. auch Rede über Güte und Tugend aus Oſſian: „und lude zum Gaſtmahl.“ Friſch in ſeinem Lexikon führt viele ſtarke Imperfekta in dieſer Form an: ſchloſſe, ſchmolze, riſſe, ſchmiſſe, ſchliffe u. ſ. w. Vgl. auch Goethe, Götz v. B. III. Eine Höhe mit einem Wartturm: „Es flohe Freund und Feind“.

V. 58: Entatmet ihr den Götterduft.

Vgl. Klopſtock, Meſſ. V 245: „Und entküßten dem Auge der Väter die männliche Thräne“.

V. 68: Das Wort entzittern findet sich auch bei Klopstock Mess. XIII 561.

V. 69 u. 70:

Hör auf, du Wind, durchs Laub zu sausen,
Hör auf, du Strom, durchs Feld zu brausen.

Die Verse sind Citat aus Ossian. Vgl. Goethe, Werther, Buch II Colma: „Schweig eine Weile, o Wind! Still eine kleine Weile, o Strom".

V. 74 u. 75: Gott [thut's], wenn der West ein Blatt beweget, Wenn auf dem Blatt ein Wurm sich reget.

Zum Gedanken vgl. Klopstocks Frühlingsfeier und die Gestirne. Vgl. ferner Fr. L. v. Stolberg, Der Abend 17: „Auch das Blümchen, der Wurm, welcher das Blümchen beugt, ist mir inniglich wert".

V. 90: Doch bald wirst du zum Thron die Purpurflügel schwingen.

In Klopstocks Messias (vgl. XI 1554) kamen die auferweckten Toten im Purpurgewölk zum Himmel. Vielleicht liegt die Anschauung zugrunde, daß der Eingang ins Himmelreich die Morgenröte der ewigen Seligkeit sei und von dieser die Seelen bestrahlt seien.

V. 92: Die Engelharfe heißt deine Harfe, wenn du ein Engel geworden bist. Das Wort Engelharfe findet sich auch schon bei Klopstock. Vgl. Messias XVI 321.

3.

Der Eroberer.

[Gödeke, I 40; Bellermann IX 20.]

Der Grundgedanke des Gedichts: die Verurteilung des herrschsüchtigen, unersättlichen Eroberers, ist von den Dichtern der zweiten Hälfte des achtzehnten Jahrhunderts häufig behandelt worden. Auch bei Klopstock findet er sich mehrfach. Vgl. Mess. XVI 307—319; Für den König 19—25; Der Lehrling der Griechen 10—12; Friedrich der Fünfte 5—12 und besonders auch Mess. II 835ff., wo Adramelech sich an dem schwarzen Entwurfe weidet, der Hölle Thron zu besteigen und als der Götter Obermonarch zu schimmern. Auch in seinen Schulreden behandelt Schiller den Gedanken Vgl. Gödeke I 63 u. 101, und das Motto der ersten Ausgabe seiner Räuber, „in tyrannos", charakterisiert manche seiner Dichtungen. Vgl. auch Fiesko IV 14: „Herrschsucht zertrümmert die Welt in ein rasselndes Kettenhaus" und: „Fürsten, Fiesko? Diese mißratenen Projekte der wollenden und nichtkönnenden Natur — sitzen so gern zwischen Menschheit und Gottheit nieder — heillose Geschöpfe. Schlechtere Schöpfer".

V. 1: Dir, Eroberer, dir schwellet mein Busen auf.

Schiller braucht sonst aber auch die Form schwillt. Vgl. Vorwurf an Laura 57; Melancholie 85. Vgl. aber Gesner, Damon-Daphne: „Dann schwellt mir die Brust".

V. 2: Dir zu fluchen den Fluch.

Viehoff verweist darauf, daß Jean Paul, Vorschule der Aesthetik 78, solche Verbindungen als gestaltlos verwirft. Vgl. bei Schiller Eroberer 5: „Gang gehen"; Eroberer 70: „Sturm stürmen"; Sturm auf dem Tyrrhener Meer 12: „Flammen niederflammen"; Freigeisterei der Leidenschaft 1: „den Kampf kämpfen"; vgl. auch Goethe Erlkönig: „Spiele spielen"; Klopstock, Mess. „Gebrüll brüllen"; X 36: „den Schlummer schlummern"; XVI 317: „Schlacht schlagen".

V. 3: Vor dem Auge der Schöpfung.

Vgl. Klopstock, Mess. II 807: „Wider wen empörst du dich hier vor dem Auge der Schöpfung".

V. 5: Wenn den horchenden Gang über mir Luna

geht, Wenn die Sterne der Nacht lauschend herunter sehn.

Vgl. V. 89: „Und der Mond und die horchende Sphären". Der horchende Gang Lunas, die lauschenden Sterne und horchenden Sphären deuten auf die Nacht, in der alles still ist und alles horcht und lauscht. So werden V. 12 der Mitternacht selbst Ohren geliehen. Vgl. Klopstock, Meſſ. IV 803: „Mir horcht die schauernde Todesstille"; Johann Adolf Schlegel, An Herrn Clausen 9: „Die sanften Lieder singen die Grazien bei Nacht den horchenden Hainen". Anders zu deuten ist, wenn in desselben Schlegels Gedicht an Horazen 7: erstaunte Klüfte und bockfüßige Satyrn Horazens Gesängen horchen und lauschen. Hier überwindet die Macht des Gesanges auch das Leblose und Rohe, und die Stille der Klüfte thut nichts zur Sache.

V. 7. Die flatternden Träume hat schon Klopstock, z. B. Meſſ. IV 609: „Jetzt flattert der Traum des ewigen Ruhms um sein Auge".

Vgl. auch Friedrich Leopold v. Stolberg, die Träume 3: „Siehe, noch flatterten Träume".

V. 10: schalle mit Sturmgeheul deinen Namen, Verworfener, In die Ohren der Mitternacht.

Unter den entsetzlichen Bildern seiner Träume fährt der Dichter wütend auf und schreit seinen Fluch über den Eroberer in die stille Mitternacht. Vgl. Klopstock, Mein Vaterland 5: „Ungestüm fährt er auf um Mitternacht"; Klopstock, Friedrich der Fünfte 14: „Träume, geliebt zu sein, wecken den Jüngling oft in der Stunde der Mitternacht". Vgl. Bürger, Die Entführung 135: „Die Nacht hat Ohren".

V. 21: Steigt hoch auf das Geheul, röcheln die Sterbenden.

Inversion statt hoch steigt — die Sterbenden röcheln, wie oben V. 9: „fahr' ich da wütend auf"; und Schiller,

Siegesfest 55: „Sprach's Ulyß". Elysium 23: „Berge bebten unter dessen Donnergang".

V. 22: Unterm Blutgang des Siegs.

Vgl. Klopstock, Für den König 19: „Weh dem Eroberer, welcher im Blute der Sterbenden geht".

V. 26: Dampfendes Heldenblut trieft am Schwert hin, herab schimmert's wie Meteor, Das zum Weltgericht winkt.

Viehoff erklärt: „Das herabtriefende Blut Heldenblut erscheint schauerlich wie ein dunkelrotes Meteor, das der Erde den Anbruch des allgemeinen Weltgerichts ankündigt." Vielleicht ist das zum Weltgericht winkende Meteor eine Anlehnung an Matthäus 24, 29 und 30, wo die vom Himmel fallenden Sterne als Vorboten des Erscheinens Christi in den Wolken als Richters genannt werden. Vgl. Klopstock, Messias XVII 139: „Da wurde Gethsemane stärker, Nun noch stärker erschüttert, so sehr, daß die wartenden Haufen Endlich sah'n, wie der Stern mit wankendem Pol aus der Bahn wich". Auf den auffälligen Gebrauch des Wortes Meteor ohne Artikel hat Viehoff schon hingewiesen.

V. 33—36:

Die Strophe ist von Bellermann richtig dahin gedeutet: Der Wunsch des Eroberers ist, einen Felsen zu bäumen und von diesem Berge aus auf die Eroberungen hinzuschwindeln (= schwindelnd sie zu überschauen), ganz versunken im Schauen, im Taumel dieses Anblicks. Boxberger vermutete „hinweggeschaurt" statt hinweggeschaut, d. h. in Wonneschauer weggerissen. Ich glaube, die Konjektur verdient doch Annahme. Zu den Ausdrücken in der Strophe vgl. Hymne an den Unendlichen 5: „Schwindelnd gaukelt der Blick umher"; Räuber III 2: „hinausschwindelnd ins Grab des Verderbens"; Cabale und Liebe II 5: „am Riesenwerk meiner Liebe hinaufschwindeln"; Fiesko III 2: „niederzuschmollen in der Menschheit reißenden Strudel"; Fiesko V 13: „daß hinunterschauern dürfte mein Auge"; Leichenphantasie 5: „Sterne trauern bleich herab"; Rede über Güte und Tugend, Gödeke, SS. I 66: „mancher wird hingeschauert dastehn am großen Gericht"; Ueber das gegenwärtige teutsche Theater, Gödeke II 341: „Wenn der teufelische Macbeth — mit hinschauerndem Auge aus der Schlafkammer wanket".

V. 43: Sternenan sie zu rudern,

Sternenan wie: Der Abend 13: „himmelan", das bei Schiller und Klopstock sich oft findet. Bei Klopstock, Mess. II 144: „Felsenan" und III 561: „himmelab". In der gewöhnlichen Sprache ebenso: bergan und bergab, bergauf, bergüber. Vgl. auch Schiller, Leichenphantasie 42: „himmelum", und Bürger, Danklied 51: „höllenab".

V. 44: Auch der Sterne Monarch zu sein.

So sehnt sich Adramelech in Klopstocks Messias II 841 nicht nur die Erde, sondern auch die andern Gestirne bis an die Grenze des Himmels zu beherrschen und als der Götter Obermonarch zu schimmern und hier und dort und da triumphierend und einsam zu sitzen und hoch sich umzusehen.

V. 52: Wenn am Himmel die Sterne blassen,
Flammen der Königstadt —.

Blassen für Erblassen. Vgl. die Zerstörung Trojas 777: „Des alten Königs letztes Blassen"; Die Erwartung 43: „und seine Farben blassen"; Der Eroberer 95: reuen = bereuen. Rousseau 35: narben = vernarben. Triumph der Liebe 78: sich niedern. Der Sturm auf dem Tyrrhener Meer 139: „und weicht sie mit Worten der Milde"; „Venuswagen" 132: „rißne Saiten"; 2c. 2c. Ob mit der Königstadt Rom oder Persepolis gemeint, ist zweifelhaft; ich denke Rom. Vgl. Fiesko II 12: „So steh' ich wie Nero auf dem Berg und seh dem possierlichen Brande zu".

V. 55 u. 56: Ruhm nur hast du gedürstet, Kauf' ihn Welt! und Unsterblichkeit 2c.

Vgl. Klopstock, Friedrich der Fünfte 6:

„Viel zu teuer durchs Blut blühender Jünglinge
Und der Mutter und Braut Thrän' erkauft,
Lockt mit Silbergetön ihn die Unsterblichkeit
In das eiserne Feld umsonst".

Vgl. ferner Klopstock, Messias XVIII 811: „Geh nun, du fülltest dein Ohr mit der süßen Unsterblichkeit Schalle! Geh, du hast sie erlangt, doch die nicht, welche du träumtest". Der Gedanke der Schillerschen Verse ist also: Den Ruhm und die Unsterblichkeit, nach der der Eroberer dürstet, muß die Welt kaufen und mit Leichen und Thränen bezahlen. Aber er ist nur unsterblich in den Flüchen der Greise, Witwen und Waisen, die Rache vom Himmel erflehen.

V. 61 u. 62: Schau zum Himmel, Tyrann — wo du der Sämann warst, dort vom Blutgefild stieg Todeshauch himmelan. 2c.

Düntzer (Schiller als lyrischer Dichter, 3. Auflage S. 14) erklärt die Stelle falsch, wenn er sagt: An „Schau' gen Himmel, Tyrann" schließt sich durch einen Gedankenstrich „wo du der Sämann warst". Eigentlich sollte es heißen „und auf das Blutgefild", aber der Relativsatz geht voran und Blutgefild folgt erst in einer andern neuen Wendung. Das ist freilich eine arge Verrenkung". Wie kann denn der Tyrann zugleich nach oben zum Himmel und nach unten zum Blutgefild schauen sollen. Schiller meint doch: schau' zum Himmel, schon nahe dem Himmel, siehst du den Todeshauch schweben, der vom Blutgefilde, wo du der Sämann warst, aufstieg, um nun gleich in tausend Wettern über dein [jetzt wohl angstvoll] schauendes Haupt hinzuheulen [= niederzustürmen]. Es folgt die Zeile: „wie, bebt es in dir! schauert dein Busen"! Ich möchte lieber interpungieren: wie? bebt es in dir? schauert dein Busen? Die Voraussstellung des Relativsatzes „wo du der Sämann warst" vor das von einem Verhältniswort abhängige Beziehungswort „vom Blutgefild" ist ja etwas kühn, aber das eingeschaltete „dort" mildert hier das Ungewöhnliche. Kühner erscheint die Konstruktion Größe der Welt 1: die der schaffende Geist einst aus dem Chaos schlug, durch die schwebende Welt" 2c. Elegie auf den Tod Weckerlins 39: „Weltregierer — ich begreif' es nicht, hier — auf den er seinen Himmel baute" 2c.

V. 70:

Nach herunterfliehn ist entgegen dem ersten Druck ein Komma zu setzen; dann ist alles in Ordnung und Hoffmeisters und Boas' Lesart „herunterflehn ist unnötige Konjektur. Fliehen hat bei Schiller oft nur die Bedeutung der schnellen Bewegung, wie eilen oder fliegen ohne die Nebenbedeutung des Zweckes, um sich zu retten. So Phantasie an Laura 5: „er lehrt die schwebenden Planeten Ew'gen Ringgangs um die Sonne fliehn"; Das Geheimnis der Reminiscenz 93: „Flohn wir nicht — Brennend aneinander"; Die Freundschaft 12: „Wie zum Meere Bäche fliehn"; V. 24: „Ewig fliehn sich unsre Herzen zu"; Minna 37: „Die mit heißem Liebes Geize Deinem Kuß entgegenflohn".

V. 73: Schauer' Schauer' zurück, Würger 2c.

Vgl. Brutus und Cassius 19: „Schaudre rückwärts".

V. 82: Wenn des Weltgerichts Wag' durch den Olympus schallt.

Des Weltgerichts Wage ist ein von Schiller nach Klopstocks Vorgange öfters gebrauchtes Bild. Biblisch ist die Vorstellung, daß Gott im Gericht die guten und schlechten Thaten der Menschen auf der Wage abwiege, nicht, wenn auch Hiob 31, 6 der Gedanke anklingt. Nach Homer (z. B. VIII 69) wog Zeus die Todeslose ab und ein Abzeichen der Themis war bekanntlich die Wage. Aber erst Klopstock wohl hat die Vorstellung auf das Jüngste Gericht übertragen. Vgl. Boxberger, Abhandlung über die Sprache der Bibel in Schillers Räubern. Erfurt 1867 S. 19, der eine Reihe Klopstockscher Stellen anführt. Vgl. Schiller, Rede über Güte und Tugend, Gödeke I 63: „Wie leicht wird der Weltherrscher dahinflattern auf der Wage der Gerechtigkeit"; Die schlimmen Monarchen 95: „doch wie anders klingt sie über jener Grenze, wo die Wage rollt"; Resignation 19: „du thronest hier mit des Gerichtes Wage"; Räuber V 1: „der hatte in der Hand eine eherne Wage — und sprach, ich wäge die Gedanken in der Schale meines Zorns"; ebenda: „Schnell begann die Wage zu klingen"; ebenda: „die Wagschale dieses Lebens sinkend wird hoch steigen in jenem"; Siegesfest 72: „Rächet Zeus das Gastesrecht, Wägend mit gerechten Händen".

4.

Empfindungen der Dankbarkeit beim Namensfeste Ihrer Excellenz der Frau Reichsgräfin v. Hohenheim.

1. Von der Akademie.

[Gödeke I 46; Bellermann IX 23.]

V. 1—3:

Ein großes Fest! — Laßt Freunde laßt erschallen! —
Ein schönes Fest weckt uns zu edler Lust!
Laßt himmelan den stolzen Jubel hallen.

Die Erklärer sagen, zu erschallen sei Jubel Objekt. Möglich, ja wahrscheinlicher scheint mir die Auffassung: Ein großes Fest, ruft es laut, ihr Freunde, ein schönes Fest weckt uns zu edler Lust! Vgl. Jeremias 50, 2: „Verkündiget unter den Heiden und lasset erschallen, werfet ein

Panier auf und lasset erschallen, verberget es nicht, und sprechet: Babel ist genommen." Vgl. V. 15 dieses Gedichts: „Jauchzet Freunde, jauchzt mir nach: Er ist erschienen."

V. 5: Einst wollte die Natur ein Fest erschaffen.

Natur hier, wie im Lateinischen mitunter = mens mundi Vorsehung. Vgl. Cic. d. n. d. II 2. Etwas anders, Der Menschenfeind 2: „Unglücklicher konnte die Natur nicht spielen". (Hier die Natur als blind-schaffende Kraft des Zufalls.)

V. 17: Heute wird kein Ach gehört.

Ach als Substantivum bei Schiller häufig. Vgl. Amalia: „Wimmert hin in ein verlorenes Ach"; Elegie auf den Tod eines Jünglings 9: „O das lehrt ihr jammernd Ach"; Leichenphantasie 16: „Ausgegossen in ein heulend Ach"; Kindesmörderin 56: „Winselt er sein falsches Ach"; Gruppe aus dem Tartarus 3: „leeres, qualerpreßtes Ach"; Räuber II 3: „verdammt mit einem christlichen Ach"; Drescher in der Vierteljahrsschrift für Litteraturgesch. VI 456 führt viele Parallelstellen aus anderen Dichtern an von Lohenstein ab.

V. 27: Belebend Feuer füllt die jauchzenden Naturen.

Hier ist Naturen = Geschöpfe. Wieder anders gleich Weltkörper Gestirne kommt das Wort vor Phantasie an Laura 17: „Tilge sie vom Uhrwerk der Naturen" und Laura am Klavier 12: „Stehn — Lauschende Naturen stille".

V. 44: Niemalen unser Herz entweihn.

Adelung erklärt die Form „niemalen" für fehlerhaft und nur der gemeinen Sprache angehörig. Schiller braucht im Fiesko öfters die Form niemal. Vgl. Wieland, Agathon III 5: „Er behauptete sogar, von einem Menschen, der die höchste Macht in Händen habe, zu verlangen, daß er sie niemalen mißbrauchen solle, sei eine Forderung, welche über die menschliche gehen dürfte."

2. Von der Ecole des Demoiselles.

V. 18: Erlauben Sie die kühne, stolze Wendung.

Die kühne stolze Wendung ist die Begrüßung der Reichsgräfin als ihrer Multer.

V. 22: Wenn der Verspruch, stets auf der Tugend Pfad zu gehn.

Das Wort „Verspruch" nach Adelung selten und nur in einigen Gegenden, namentlich für Eheversprechen, üblich. Vgl. Schiller, Bericht an den Herzog über seine Mitschüler und sich selbst. Gödeke I 13: „Der Ruf meines Fürsten ist stark genug, mir einen Verspruch, ein Werk abzufordern, welches ich sonsten für unmöglich hielte". Gödeke führt im Wortverzeichnis des I. Bandes noch Wagner, Reue nach der That 4, 1 an. Bellermann liest fälschlich „Versuch".

V. 40: „Dem Meisterbild der Tugend nachzustreben". Hoffmeister hat die Lesart Musterbild. Ich halte Meisterbild für besser. Vgl. Räuber IV 4: „sie [die Gegend] schien den großen belohnenden Blick zu empfinden und sich unter dem Wohlgefallen ihres Meisterbilds zu verschönern". Adelung und Frisch führen beide Wörter nicht an. In der Rede über Güte und Tugend Gödeke I 68 findet sich noch Meisterwerk.

5.

Der Sturm auf dem Tyrrhener Meer.

[Gödeke I 120. Bellermann IX 27.]

Auf metrische Mängel in dieser Uebersetzung aus dem ersten Buche der Aeneis hat Bellermann IX 451 aufmerksam gemacht. Der erste Herausgeber in der Zeitschrift „Zustand der Wissenschaften und Künste in Schwaben", rühmte an der Uebersetzung Kühnheit und viel, viel dichterisches Feuer.

Und dies Lob ist, glaube ich, gerechtfertigt. Schiller wird nicht die Absicht gehabt haben, Virgil durch seine Uebersetzung bekannter zu machen, sondern wie er in seiner Recension des Stäudlinschen Buches „Proben einer deutschen Aeneis nebst lyrischen Gedichten" es auch von Stäudlin voraussetzte, sich nur selbst haben üben wollen. „Gewiß", sagt er hier (Bellermann XIII 178), „ist es auch das treffendste Mittel, Wunder in einem Fache der Dichtkunst zu thun, sich vorher mit einem alten Schriftsteller in diesem Fache bekannt zu machen, sich in ihn hineinzustudieren, und wer kann das mehr als der Uebersetzer". Er rügt dann in der Kritik, daß Stäudlins Verse viel zu lateinisch seien, die vielen Participien klängen prosaisch und ermatteten die erhabensten Stellen, die Perioden seien zu lang, unpoetischer Wortversetzungen nicht zu gedenken. Offenbar hatte Schiller bei seiner eigenen Uebersetzung sich schon bemüht, den Stil freier und deutscher zu halten.

V. 1: Kaum entschwangen sie sich der Schau an Siciliens Küsten.

Die Schau im Sinne des Zustandes, in dem etwas gesehen wird, sonst wohl nur üblich in Verbindungen wie: zur Schau stellen, oder in Zusammensetzungen wie in: Schaustück, Schauspiel. Sonst ist dafür Blick, Auge oder Sicht gebräuchlich. Virgil hat hier conspectus.

V. 6: Uebermachtet soll ich ꝛc.

Uebermachtet findet sich nach Frisch auch in Tschudis chron. Helv. p. 105.

V. 29: mildet die Wut der erbosten Gemüter.

Vgl. Kindesmörderin 52: „Nicht was Löw' und Tiger milden kann"; Der Triumph der Liebe 119: „Mildete die Qualgerichte"; Hochzeitsgedicht auf die Verbindung Henrietten 12, 148: „Die Freundin, die dein Herz gemildet". Es ist wohl begrifflich etwas verschieden von mildern, das

Schiller auch gebraucht. Milden = milde machen, mildern = milder machen. So brauchen wir verschönen und verschönern auch mit kleinem Unterschiede nebeneinander. Vgl. Klopstock, Die Sommernacht 11: „Wie verschönt warst von dem Monde du, o schöne Natur"; Die künftige Geliebte 62: „Und jungfräulicher Ernst deckt dein verschönert Gesicht".

V. 118: Doch muß ich zuerst die türmende Fluten.

Türmen war ein Lieblingswort Schillers und seiner Zeitgenossen. Er braucht es transitiv, intransitiv und reflexiv, intransitiv im Sinne von stolz aufsteigen, hochragen. Vgl. Symbola Joachimica, wo Imelmann in den Anmerkungen zu deutschen Dichtern Belegstellen gesammelt hat. Sie ließen sich leicht noch vermehren.

6.

Hektors Abschied.

[Gödeke I, 127; Bellermann I 9 und 357 f.]

Kuno Fischer, Schillers Schriften, Erste Reihe 39 hat schon angemerkt, daß Schiller Motiv und Thema zu dem Gedicht aus Helfrich, Peter Sturz' Schriften, Erste Sammlung 1779 S. 35 entlehnt habe. Dort beschreibt Sturz das Bild Hektors Abschied von der Andromache von der Angelika Kaufmann folgendermaßen: „Bei dem Skäischen Thore, wo Hektor die Gattin antraf, steht der Held, so nach dem Lager gewandt, als wäre er schon einen Schritt weiter gewesen, und träte nun, auf das Flehen des Weibes noch einmal zurück; denn der linke Fuß ist los, hinter den rechten gezogen, und Hektor hält sich jetzt an der Lanze, die an dem Orte steht, wo der Fuß gestanden hat; aber nun weilt er, wendet liebevoll sein Gesicht nach dem gebeugten Weibe, welches hinschmachtet auf seine Schulter, ihren rechten Arm um seinen Nacken schlingt, und die andere bebende Hand dem Gatten überläßt, der sie fest in die seinige drückt. Sie hat eben vollendet:

Edler, dich wird töten dein Mut: du aber erbarmest
Dich des Knäbleins nicht, und mein, der Elenden, auch nicht!
Witwe werde ich bald —

— mir wäre das beste,
Stirbst du, in die Erde nach dir zu sinken —
Aber erbarme dich nun —
Daß dies Knäblein nicht werd' eine Waise, dein Weib
eine Witwe! —

Aber nun schweigt sie. Fest verschlingt sie den Gram, nähert sich der Wange des Mannes, forscht furchtsam, mitleidfodernd, mit dem trüben, keuschen Auge, — ob sie nicht ahnden darf, daß er sich erbarme. Er öffnet den Mund, spricht die heilenden Worte:

Liebes Weib, bekümmere dich nicht zu heftig im Herzen!
Gegen das Schicksal wird mich keiner hinab zu den Schatten
Senden. — (Stolbergs Uebersetzung.)

Für den Beobachter ist der gerührte Hektor nicht ganz entschlossen: wird er bleiben? oder reißt er sich los? Diese Ungewißheit erschüttert die Seele und ist der große Grundsatz aller Malerei für das Herz. — Lessing hat ihn im Lakooon scharfsinnig ausgeführt. — Bei der Mutter, etwas im Vorgrunde, um durch ihren Schatten die lichte Hauptfigur der Andromacha zu heben, steht die Amme mit dem kleinen Astyanax. Sie liebkoset dem Kinde, das ihr entgegenlächelt, weil es noch nicht erschrocken ist vor dem wehenden Federbusch."

V. 24: Hektors Liebe stirbt im Lethe nicht.

Vgl. Elegie auf den Tod eines Jünglings 145: „Seine Liebe dauert ewig aus." (Minor I 465 u. 583; hier auch die Zusammenstellung der Citate aus Klopstock und Ossian.)

7.

Amalia.

[Gödeke I 118; Bellermann I 10.]

Das Gedicht hat eine gewisse Verwandtschaft mit den Liedern an Laura, namentlich mit dem: Die sel'gen Augenblicke. „Schwülstig, gestaltlos und namentlich unweiblich im Ton," so charakterisierte es Friedrich Vischer 1866 in seinen Vorlesungen über die neuere deutsche Litteratur in Zürich.

V. 7: Nacht vor unsern Blicken.
Vgl. Räuber N 2: „Nacht vor meinen Augen".

V. 15: Erd' und Himmel schwammen Wie zeronnen.
Vgl. Fiesko I 1: „als wär' die Welt um ihn weggeblasen und er allein mit dieser Julia im ewigen Leeren".

V. 20: verlorenes Ach wie Laura am Klavier 35: „wo verlornes Heulen schweift".

8.

Räuberlied.

[Gödeke I 129; Bellermann II 121.]

Das Lied, das die Jenenser Studenten bei den Aufführungen der Räuber in Weimar mitzusingen pflegten (vgl. Imelmann. Symb. Joach. Anmerkungen zu deutschen Dichtern) enthält geradezu rohe Stellen, die vielleicht für Schufterle und Spiegelberg, keineswegs aber für alle Genossen Moors passend erscheinen. Dagegen hat die Strophe „Ein freies Leben führen wir" ꝛc. den Ton des echten Volksliedes getroffen, und nach Hoffmann von Fallersleben (Unsre volkstümlichen Lieder) sind im Volke und der Studentenwelt noch allerlei Strophen dazu gedichtet worden.

V. 3 u. 4: Morgen hangen wir am Galgen,
Drum laßt uns heute lustig sein.

Vgl. Malteser Gödeke XV 1, 97: „Wer weiß, ob wir morgen noch sind, so laßt uns heute noch leben"; Siegesfest 155: „Morgen können wir's nicht mehr, Darum laßt uns heute leben"; Reiterlied: „Und trifft es morgen, so lasset uns heut Noch schlürfen die Neige der köstlichen Zeit"; Horaz Oden I 9, 13: „Quid sit futurum cras, fuge quaerere et Quem fors dierum cumque dabit, lucro Appone"; Horaz Oden I, 11, 8: „carpe diem quam minimum credula postero"; Goethe, Egmont II Egmonts Wohnung: „Leb' ich nur, um aufs Leben zu denken? Soll ich den gegenwärtigen Augenblick nicht genießen, damit ich des folgenden gewiß sei, und diesen wieder mit Sorgen und Grillen verzehren"? Schon Bellermann II 427 hat ferner auch angezogen: 1 Korinther 15, 32: „Lasset uns essen und trinken, denn morgen sind wir tot"; Jes. 22, 13: „Laßt uns essen und trinken, wir sterben doch morgen"; Shakespeare, Julius Cäsar I 2: „Ich weiß nicht, wie du und andere Leute von diesem Leben denken; aber ich für mein Teil möcht ebenso gerne gar nicht sein, als leben, um mich vor einem Geschöpfe wie ich selbst bin, fürchten zu müssen".

V. 13: Bei masten Pächtern morgen. Frisch merkt an: „Mast hat man ehemals für fett und fleischig gebraucht als Ryff im Spiegel der Gesundh. Fol. 16: „Ein Leib, der groß, mast und fleischig".

V. 22: Der bangen Mütter Klaggezeter. Vgl. Räuber II 3: „Das Zetergeschrei verlassener Mütter heult deinen Fersen nach".

V. 34: Und Hurra rax dax! geht's, als flögen wir davon. Vgl. Siegwardt (Leipzig 1777 I S. 247): „Von da ging's zu den Hunden, deren eine ungeheure Menge war. — Sa, sa, sa, Hurra! Dax, Dax! rief er, und alle Hunde liefen mit großem Gebell herbei".

9.

Brutus und Cäsar.

[Gödeke I 131; Bellermann I 10.]

Friedrich Vischer in seinen Vorlesungen, die ich im Sommer 1866 in Zürich hörte, urteilte, der Ton in diesem Gedichte sei im ganzen passend. Der grandiose Stoff und die alten starkherzigen, strengen Römer dürften auch in hohem, klangvollem Tone reden, hier sei Kraft, Wahrheit, Leben und Farbe und, wenn auch nicht vollendete, so doch poetische Form. Dem stimme ich zu, aber sonst scheint mir auch dieses Gedicht noch Spuren der Jugendlichkeit zu tragen. Der hohe Schwall der Sprache täuscht den Dichter selbst über einen gewissen Widerspruch hinweg. Wenn Brutus V. 4 klagt, daß sein gramgebeugter Lauf von Philippi schleiche, so scheint mir dazu nicht gut zu passen, daß Cäsar V. 9 in diesem Schleichen das Wandern mit Schritten eines Niebesiegten erkennt und eines Römers Gang.

Daß Cäsars Geist, sogar wiederholentlich, dem Brutus erschienen sei, melden Plutarch und nach ihm Shakespeare im Julius Cäsar. Die Erfindung des Wechselgesprächs gehört aber Schiller zu. Nach Plutarch und Shakespeare ist die Erscheinung Cäsars nach der Schlacht bei Philippi stumm. Der Grundgedanke des Gedichts ist die Verteidigung des Brutus gegen den Vorwurf des Undanks seitens des sterbenden Cäsars. Es handelte sich also wiederum um den Grundgedanken der Räuber: in tyrannos. Der uneigennützige Tyrannenmörder, der trotz der innigsten Beziehungen zum Tyrannen, und trotz der Aussicht, Tyrannengut zu erben, seine Pietät und sein Leben der Freiheit zum Opfer bringt, soll gerechtfertigt und verherrlicht werden.

Nicht ganz klar ist mir, wie sich Schiller die Situation, das Lokale des Gesprächs gedacht hat. Die ersten Verse lassen vermuten, Brutus beträte soeben die friedlichen Gefilde des Totenreiches. Vers 7 und 8 erwecken dagegen den Eindruck, daß Brutus noch auf der Erde weile und V. 18: „Wer rief, Toter, dich ans Licht"? läßt keinen Zweifel daran. Vers 34 aber: Geh — du weißt nun, was an Lethes Strande mich noch bannte" 2c. verlegt den Ort wieder in die Unterwelt, und Vers 45: „Geh du linkswärts, laß mich rechtswärts gehen" soll doch nicht heißen, gehe du ins Totenreich, mich aber lasse noch im Sonnenreiche gehen, sondern ich fasse die Stelle so: laß uns im Totenreiche, d. h. für ewig uns ausweichen. Dazu paßt dann auch der Ausdruck V. 37: Sonnenreich im Gegensatz zu dem Totenreiche, in dem sie sich jetzt treffen. Der gramgebeugte Lauf V. 4 läßt wieder mehr an die Oberwelt denken, denn im Totenreiche, in Walhallas Ruh', ist man gramentbunden. Vgl. Leichenphantasie 63. Kurz, die Situation scheint mir verworren.

V. 2: Nimm den Letzten aller Römer auf.

Den letzten Römer nennt bei Plutarch und Shakespeare Brutus den Cassius.

V. 7: Meine Zuflucht zu des Todes Thoren.

Der Ausdruck: „des Todes Thore" ist biblisch. Auch Kleist und Klopstock haben ihn gebraucht. Vgl. Boxberger, Die Sprache der Bibel in Schillers Räubern S. 15. Vgl. auch in unserm Gedicht V. 31: „und heul' es bis zu jenen Pforten".

V. 11: Ha! wenn meine Augen mir nicht lügten.

= Ha! Sollten meine Augen mir nicht lügen? Wie

man sagt: wenn es wahr wäre? = Sollte es wahr sein? Die schwache Form des Verbums ist hier wohl nur aus Reimnot angewandt.

V. 13: Tibersohn.

Daß jemand als Sohn des Flusses angeredet wird, der seine Vaterstadt durchfließt, ist wohl selten. Vgl. Lieder Sineds des Barden: An einen Bardenfreund (Freiherrn v. Kresel) „Sohn der Moldau".

V. 21: Auf Philippis eisernem Altare Raucht der Freiheit letztes Opferblut.

Gedacht ist an die eisernen Waffen, durch die das Blut geopfert wurde.

Zu dem ganzen Gedicht vergleiche noch die Stelle aus Schillers Brief an Körner vom 2. Februar 1789 (Jonas 368): „Eine sonderbare Mischung von Haß und Liebe ist es, die er [Goethe] in mir erweckt hat, eine Empfindung, die derjenigen nicht ganz unähnlich ist, die Brutus und Cassius gegen Cäsar gehabt haben müssen; ich könnte seinen Geist umbringen und ihn wieder von Herzen lieben".

10.

Stammbuchblatt.

[Gödeke I 361; Bellermann IX, 23.]

Gödeke setzt das Gedicht etwa in das Jahr 1780, Bellermann ins Jahr 1777, vielleicht nach Gödecke I 37. Der Eintrag in das Stammbuch Ch. Ferdinand Mosers (vermutlich wenigstens) lautet:

Seelig ist der Freundschaft himmlisch Band,
Sympathie, die Seelen Seelen trauet,

Eine Thräne macht den Freund dem Freund bekannt
Und ein Auge, das ins Auge schauet;
Seelig ist es, jauchzen wenn der Freund
Jauchzet, weinen mit ihm, wenn er weint.

In veränderter Form finden sich einige dieser Verse in einer Rede, die von einem Schüler der Militärakademie gehalten worden ist. Gödeke hielt nach Kellers Vorgang Schiller für den Verfasser der Rede. Vgl. Gödeke I 36. Nun hat Schloßberger aber nachgewiesen, daß die Rede erst nach Schillers Austritt aus der Akademie gehalten worden ist, also nicht von ihm selbst. Wer sie gehalten, ist nicht bekannt; Weltrich I 209 glaubt, daß der Verfasser entweder eine Rede Schillers vor Augen gehabt, oder daß ihm Schiller geholfen habe. Das letztere scheint mir nach den Schillerschen Versen geradezu unmöglich. Das Citat ist sichtlich aus ganz unsicherer Erinnerung niedergeschrieben und auch inhaltlich entstellt. Hier lauten nämlich die Verse:

Selig ist der Freudschaft heilig Band,
Sympathie die Seele Seelen traut,
Eine Thräne, wenn die Hand die Hand betaut,
Und ein Auge, das das Auge schaut.

Die Worte „wenn die Hand die Hand betaut" sind ohne Sinn, und Schiller hätte sie, wenn er die Rede im Manuskript gesehen hätte, sicherlich nicht stehen lassen.

Zu Vers 5 und 6 des Stammbuchblattes vgl. Schillers Rede über die Tugend in ihren Folgen Gödeke I 98: „So kann Wonne des Freundes in die Seele des Freundes hinüber jauchzen".

11.

Der Venuswagen.

[Gödeke I 186; Bellermann IX 32.]

Gödeke sagt, für Schillers Autorschaft dieses Gedichtes fehlten äußere Gründe, deren es freilich auch nicht bedürfe. Schon Boxberger aber hat hingewiesen auf Schillers Brief an Wilhelm Wolzogen d. 23. März 1788 [Jonas 256]: „Haben Sie nun noch die Güte, dem Repertorium meine Anthologie nebst dem Venuswagen beizulegen".

Ein Citat aus dem Venuswagen, vielleicht die einzige Spur, daß das Gedicht von den Zeitgenossen gelesen worden ist, finde ich in dem Eröffnungsartikel der am 1. Januar 1798 zuerst bei Cotta erschienenen Weltkunde (abgedruckt im Schiller-Cotta Briefwechsel 622): „Wie oft nisterten nicht schon, von Kleopatra an bis auf die Pompadour, die Finger einer Venus im geheimsten Uhrwerk der Staaten"! Vgl. Venuswagen V. 87 und 88.

Der Grundgedanke des Gedichtes: die Verurteilung der Venus, der Verführerin, ist ja durchaus moralisch, die Ausführung jedoch zwar nicht schlüpfrig, aber stellenweise wenigstens nicht nur derb, sondern ans Rohe streifend. Der junge Mediziner macht sich geltend, der der Versuchung nicht widersteht, geschlechtliche Verirrungen und ihre traurigen Wirkungen rücksichtslos und grell zu schildern. Schiller selbst hat in seiner Selbstkritik der Räuber für mehrere seiner Jugenddichtungen das richtige Urteil gesprochen: „Auch sollte durchgängig mehr Anstand und Milderung beobachtet sein. — Der Verfasser kann vorwenden: ich habe Räuber geschildert, und Räuber bescheiden zu schildern wär' ein Versehen gegen die Natur. — Richtig, Herr Autor! Aber warum haben Sie denn auch Räuber geschildert"? So frage ich hier erst recht: warum hat Schiller auch die Metze Cypria besungen? Was für den Dramatiker in Bezug auf die Grenze der Schönheit gewagt erscheint, ist's für den Lyriker gewißlich. Als Schiller später die Bürgerschen Gedichte recensierte, entdeckte er bei dieser Gelegenheit auch an sich selbst, „wie wenig dergleichen Kraftstücke der Jugend die Prüfung eines männlichen Geschmackes aushalten".

Der Venuswagen ist ein Gegenstück zu Bürgers Gedicht Fortunens Pranger, worin Bürger selbst schon die Fortuna in Vergleich zur Venus bringt und so eine Paralleldichtung nahelegte, in der Venus an den Pranger gestellt würde. Zur Scenierung der Dichtung soll nach Düntzer unser Dichter sozusagen die Coulissen aus Lucifers Königreich 2c. des Aegidius Albertinus genommen haben. Es kommt aber da eben nichts weiter vor, als „was für Leut auf dem Wagen Cupidinis oder Veneris umbfahren", wo die Fürsten, Gelehrten, die Alten und die Geistlichen aufgezählt werden. Während bei Bürger die Situation einfach und klar ist und der Dichter lediglich aus Rache, daß er beim Lotteriespiel öfters Nieten gezogen, die Fortuna öffentlich schmäht, ist in Schillers Dichtung manches verschwommen. Der Dichter führt die an den Hurenwagen gejochte Venus durch die Straßen und klingelt alle herbei, die durch sie gelitten haben, um ihnen aus einem Protokoll ihre Schande und das sie brandmarkende Urteil eines weisen Richters zu verkünden, der einsam im Fabellande wohne. Aber daran schließen sich Schmähungen des Dichters gegen die von der Venus Verführten und Warnungen vor ihren Giften, für die in einem Protokoll kaum Platz sein konnte, und unklar bleibt auch, ob der Dichter die Venus dem Richter in seinem Fabellande, das sonst jedem Sterblichen verschlossen ist, vorgeführt hat, oder dieser einmal in unsre Welt hinübergekommen ist. Der rhetorische Schwung in der Ausmalung der Greuel, die Venus angestiftet hat, und des Abscheus vor ihren Lüstlingen hat den Dichter so fortgerissen, daß er die Einheit des Ortes und der Handlung darüber ganz aus dem Sinne verlor.

V. 4: Höret, Kinder Prometheus.

Dieselbe falsche Betonung im Worte Prometheus bei Haller, Gedanken über Vernunft, Aberglauben ꝛc. 43. Falsche Betonungen in antiken Namen auch sonst bei Schiller öfter. Vgl. Kastraten u. Männer 42 in der ersten Fassung. „Bei Pharsalus bezwungen", in der zweiten Fassung: „Am Granikus bezwungen"; Hektors Abschied 10 in der ersten Fassung: „Ueber Astyanax unsre Götter".

V. 10—12:

Die drei Relativsätze beziehen sich in richtiger Folge auf die drei vorhergehenden Substantive: Philosophen, Könige, Matronen. Zu „schwanken Thronen" V. 11 vgl. Elegie auf den Tod eines Jünglings 88.

V. 15: Den leisen Donner des Gewissens überlärmt.

Ein Oxymoron wie V. 144: „Necken sie mit tödtlich süßem Gruß"; V. 147: „Die träge Kraft"; V. 150: „Tödlich munter"; Elegie auf den Tod eines Jünglings 96: „Diesen bosheitsvollen Himmel"; die seligen Augenblicke an Laura 31: „Qualentzücken—Paradiesesschmerzen"; Wallensteins Tod 890: „O du bist blind mit deinen sehenden Augen"; Die Macht des Gesanges 5: „Erstaunt mit wollustvollem Grausen"; Kindesmörderin 61: „Tödlichlieblich." V. 66: „stumme Donnersprache"; Die schlimmen Monarchen 79: „Gottes Riesengruppen". Vgl. ferner Goethe: Die Geschwister „Die selig-elenden Augenblicke unsers Lebens".

V. 22: „In der Unschuld weißem Kleide.

Vgl. Die Kindesmörderin 18: „Der Unschuld Schwanenkleid". V. 26: „Der Unschuld Lilien". Elegie auf den Tod Weckerlins 50: „Lieblich hüpften, voll der Jugendfreude, Seine Tage hin im Rosenkleide".

V. 29: „Taumelkelch" ist biblisch.

Vgl. Jes. 51, 17; Sacharia 12, 2.

V. 33: Euch zuletzt noch, Opfer des Gelustes.

Es müßte heißen: Ihr zuletzt noch.

V. 42: Seit die Welt um ihre Spindel treibt.

Vgl. Die Götter Griechenlands 116: „Und an ewig gleicher Spindel winden Sich die Monde auf und ab"; Fiesko I 3: „Genua ist die Spindel, um welche sich alle seine Gedanken mit einer eisernen Treue drehen".

V. 45: Hum! Bis hierher dachtest du's zu sparen.

Bellermann erklärt: hofftest Du Deine Bestrafung zu sparen. Die Deutung wird richtig sein. Vgl. Jeremias 12, 3: „aber du lässest sie frei gehen, wie Schafe, daß sie geschlachtet werden und sparest sie, daß sie gewürget werden". 2 Petri 3, 7: „Also auch der Himmel jetzund und die Erde werden durch sein Wort gesparet, daß sie zum Feuer behalten werden".

V. 46: Gott gnade dich.

So bei Bürger, Die Hexe, die ich meine, 55: „Den gnade Gott".

V. 61: Götter unterm Monde.

Vgl. V. 73: „Manchem Zeus"; V. 82: „Kreaturen vom gekrönten Tier"; Schiller vergleicht gern ironisch die Tyrannen mit den Göttern, wie übrigens schon andere vor ihm. Vgl. Logau Sinngedichte 1846: „Hüte er sich, daß auch sein Maul Erdegötter nicht verspricht". Canitz. der 146. Psalm: „Die Fürsten helfen nichts, die Götter dieser Erden". Joh. Ad. Schlegel, An Hrn Clausen 3: „der Erde Götter": Joh. Adolf Schlegel, Die Güte Gottes 33: „Der Erde Göttern"; Engel, Fürstenspiegel (Wahrheit): „so wird doch bei bloßen Erdengöttern, wie man die Fürsten genannt hat ꝛc."; Schiller, Die schlimmen Monarchen 2: „Erdengötter"; Ein Wechselgesang 2 [Bellermann IX 110]: „Göttern auf irdischen Stühlen". Cabale und Liebe III 6: „Daß in der Sterbestunde auch die Lungen der Erdengötter zu röcheln anfangen"; Totenfeier am Grabe Philipp Friedrich von Rieger 28 und 44: „Erdengötter"; Carlos 5229: „der Erde Gott".

V. 87 u. 88: In dem Uhrwerk der Regierung nistern Oefters Venusfinger um.

Die Räder in einem Uhrwerk oder einer Maschine sind wiederum ein Lieblingsbild Schillers: Rede über Güte und Tugend [Gödeke I 68: beuge dich nieder, große unendliche Natur". Durch die Weisheit bist du so meisterhaft zusammengefügt. Durch sie lebt dein ewiges Uhrwerk"; Die Tugend in ihren Folgen betrachtet [Gödeke I 96]: „alle Räder, alle treibenden Kräfte des großen Systems"; ebenda [Gödeke I 98]: „als alle Räder der Natur einen ewigen Stillstand halten würden"; Venuswagen 133: „Venus Finger bricht des Geistes Stärke, Spielet gottlos, rückt und rückt. An des Herzens feinem Räderwerke, Bis der Seiger des Gewissens lügt"; Phantasie an Laura 17: „Tilge sie [die Liebe] vom Uhrwerk der Naturen"; ebenda V. 35: in der toten Schöpfung ewgem Federtrieb"; Das Geheimnis der Reminiscenz 48: „Sehen in der Schöpfung Labyrinthen, Wo die Augen Lyonets verblinden, Sich noch Räder winden". Die Freundschaft 4: „Geisterreich und Körperweltgewühle Wälzet eines Rades Schwung zum Ziele"; Widmung der Dissertation „Versuch über den Zusammenhang der tierischen Natur 2c. [Gödeke I 139]: „Ein Arzt, dessen Horizont sich einzig und allein um die historische Kenntnis der Maschine dreht, der die gröbern Räder des seelenvollsten Uhrwerks nur terminologisch und örtlich weißt"; Melancholie an Laura 35: „Früher, später reif zum Grabe Laufen ach die Räder ab An Planetenuhren;" Fiesko I 3: „Kann man das [träumen] besser unter den Donnern des Throns, wo die Räder der

Regierung ewig ins gellende Ohr krachen, als am Busen eines schmachtenden Weibes"? Fiesko III 2: „niederzuschmollen in der Menschlichkeit reißenden Strudel, wo das Rad der blinden Betrügerin Schicksale schelmisch wälzt"; Cabale und Liebe II 1: „Was fang ich mit Leuten an, deren Seele so gleich als ihre Sackuhren gehen"; Was kann eine gute stehende Schaubühne eigentlich wirken [Gödeke III 520]: „Sind sie [die Bühnen] es nicht, die den Menschen mit dem Menschen bekannt machten, und das geheime Räderwerk aufdeckten, nach welchem er handelt"; Rhein. Thalia, Einladung [Gödeke III 530] „Neugefundene Räder in dem unbegreiflichen Uhrwerk der Seele"; Lied an die Freude 40: „Freude heißt die starke Feder In der ewigen Natur, Freude, Freude treibt die Räder In der großen Weltenuhr"; Philophische Briefe, Julius an Raphael [Gödeke IV 36]: „Dieser freie emporstrebende Geist ist in das starre unwandelbare Uhrwerk eines sterblichen Körpers geflochten"; ebenda [Gödeke IV 49]: „Denke dir dann den Mann mit dem hellen, umfassenden Sonnenblicke des Genies, mit dem Flammenrad der Begeisterung"; Verbrecher aus verlorner Ehre [Gödeke IV 71]: „der Stunden-Weiser meines Schicksals"; ebenda [Gödeke IV 84]: „Die Uhr seines Schicksals ist abgelaufen"; Vgl. auch Goethe, Werther II d. 12. Dezember: „Meine Uhr ist noch nicht ausgelaufen"; Der Geisterseher, Vierter Brief [Gödeke IV 311]: „unsere edelste Geistigkeit ist eine so ganz unentbehrliche Maschine, dieses Rad der Vergänglichkeit zu treiben"; Don Carlos (Thalia) 1571 [Gödeke V 1, 75]: ein genauer Minutenweiser meiner Sterblichkeit"; ebenda 4010: „Kleinkluge Geister, die ihr Menschen gleich einer Uhr zu stellen denkt"; Don Carlos (1801) 3166: „Sie wollen allein in ganz Europa sich dem Rade des Weltverhängnisses — entgegenwerfen"; Götter Griechenlands 166: „gleich dem toten Schlag der

Pendeluhr Dient sie knechtisch dem Gesetz der Schwere, Die entgötterte Natur"; Der Menschenfeind 2 [Gödeke IV 285: „Die aufsteigende Sonne ist mir jetzt nur ein Stundenweiser seiner Ankunft"; Tell 2567: „Fort mußt du, deine Uhr ist abgelaufen"; An Goethe 29: „Es wäre ein eitel und vergeblich Wagen, zu fallen ins bewegte Rad der Zeit". rc. rc.

V. 92: Einst zu Delphos Göttersprüch.

Delphos für Delphi hat schon Schirach in seiner Uebersetzung der Biographieen Plutarchs, die Schiller kannte. Auch Goethe kannte diese Form. Vgl. Goethes Werke, Hempel Teil VIII 163. Vgl. auch Schiller: Ueber das gegenwärtige deutsche Theater [Gödeke II 341]: „zu Dodona und Delphos".

V. 105: Dem am Markstein dieser Welt entsunken jene Thräne war.

Vgl. Haller, Ueber die Ehre 157:

„Er [Alexander] fand an Ganges letztem Strande'
Das Ziel der Thaten und der Lande;
Doch Philipps Sohn war noch nicht satt.
Die Welt hört auf mit seinen Siegen,
Er aber weint, weil, dort zu kriegen,
Der Himmel keine Brücke hat".

Lessing, Alexander:

„Der Weise sprach zu Alexandern:
Dort wo die lichten Welten wandern,
Ist manches Volk, ist manche Stadt.
Was thut der Mann von tausend Siegen?
Die Memme weint, daß dort zu kriegen,
Der Himmel keine Brücken hat".

V. 111: Zu hielte.

Vgl. oben zu Der Abend 57.

V. 112: Zu Popanz.

Vgl. Semele 240 [nach Gödekes Zählung 282]; Fiesko V 16; Turandot 522 [Gödeke 680].

V. 114: Zu Sirenensang.

Vgl. Räuber IV 5 „Sirenenlied"; Fiesko II 19: „Sirenentriller".

V. 117: An des Lebens Vesten.

Vgl. Räuber I 3: „Wenn das Laster auch die Festen des Charakters erschüttert". Zu der Ausmalung der Folgen des Lasters vgl. Räuber I 3; Fluch eines Eifersüchtigen 25 ff.

V. 121: Hohl und hager, wandelnde Gerippe.

Vgl. Räuber I 3: „Da predigts fürchterlich laut vom zitternden, hinschwankenden Gerippe"; Leichenphantasie 7: „Gleich Gespenstern, stumm und hohl und hager"; Die Pest 11: „Menschen — hager — hohl und bleich"; Fiesko IV 11: „wie Gespenster, hohl und verzerrt".

V. 123: Gebt dem Armen Stundenglas und Hippe.

Vgl. Bürger Lenore 239: „Sein Körper zum Gerippe Mit Stundenglas und Hippe".

V. 126: Grabet es mit goldnen Ziffern ein.

Vgl. Räuber II 3: „Ich will mir diese Lektion mit goldnen Ziffern auf meine Hirntafel schreiben".

V. 129: Tugend stirbet in der Phrynen Schoße.

Vgl. Räuber I 1: „Wie so empfindsam für die Reize einer Phryne"; Vorwurf an Laura 21: „Losgerissen von der Phrynen Brüste"; die schlimmen Monarchen 10: „Wenn ihr — Schwere Panzer mit den Rosenarmen Eurer Phrynen tauscht".

V. 130: Mit der Keuschheit flieht der Geist davon.

Vgl. Räuber I 3: „wenn mit der Keuschheit auch die Tugend davon fliegt".

V. 132: Wie aus rißnen Saiten Silberton.

Vgl. Goethe, Elwin und Elwira II 6: „Flohene Freuden"; Schiller, Cabale und Liebe V 7: „Wie kann so viel Wohlklang kommen aus zerrissnen Saiten"? Venuswagen 139: „Martert sich an schlappen Saiten müde, Wohlklang fließt aus toten Trümmern nie".

V. 141: Manchen Greisen — Neckte sie.

Formen der schwachen Deklination des Substantivs Greis als ursprünglichen Adjektivs bei Schiller und anderen nicht selten, z. B. Räuber (2. Auflage) V 6: „Aus dem Turm reißen sie einen sterbenden Greisen"; Der Jüngling und der Greis: „Glaub es einem Greisen"; Maria Stuart 3108: „Der heut dem schwachen Arm Des Greisen Kraft gab".

V. 159: Laßt des Doms Gewölbe Rede stellen.

Bellermann erklärt den Ausdruck = Zeugnis stellen. Gewiß, der Sinn ist: Laßt die Gewölbe zeugen. Aber ich weiß keine Belegstelle für Rede stellen oder Zeugnis stellen.

V. 164: Wie die Taube vor dem Stößer.

Vgl. Rache der Musen 49: „Wären wie die Gei'r auf Tauben Losgestürzt"; Fiesko II 5: „Wie Tauben auseinander flattern, wenn in den Schlag sich ein Geier wirft".

V. 169: Siebenmal des Tages muß der gute Michael dem starken Moloch stehen.

Vgl. Offenbarung Joh. 12, 7. Schiller, Räuber V 2: „Unser bist du, und wenn der Erzengel Michael mit dem Moloch ins Handgemenge kommen sollte". Moloch ist auch Räuber II 3 zweimal erwähnt und Räuber V 2.

V. 175: In der Angst — Wirft sie ihm die Zitternadel hin.

Bellermann erklärt: dem Unterliegenden wirft sie die einzige Waffe, die sie hat, zu. Ich denke, es ist eher so aufzufassen: in der Angst, daß Moloch mit dem sie es gehalten hat, getötet werde, giebt sie sich ihm gegen ihren

Vorsatz offen hin. Die Zitternadel ist nach Adelung „ein Stück des weiblichen Schmuckes, welcher aus einem Edelsteine an einem schwachen gewundenen elastischen Drahte besteht, welcher sich mit einer Nadel endigt, da dann der Stein in einer beständigen zitternden Bewegung ist". Ich denke, die Zitternadel knüpfte den Schleier oder das Brusttuch fest. Die Zitternadel jemandem hinwerfen heißt also, sich ihm entschleiern, sich ihm preisgeben. Als der Engel mit dem Bösen kämpft und ihn zu überwältigen droht, verrät die Venusjüngerin in der Angst — wer kann es Vorsatz heißen? —; daß sie es mit dem Bösen hält, oder wenn das Gute in ihr schon siegen will, giebt sie sich in der Angst, daß die Lust der Sünde ihr verloren gehe, offen dem Teufel preis. Bei Bellermanns Erklärung haben die Worte „wer kann es Vorsatz heißen" keine Spitze, und für einen Moloch im Kampfe mit Michael wäre die Zitternadel als Waffe, zum Ersatz der zersplitterten Lanze, doch auch zu verwünscht naiv.

V. 206: Unserm Amtmann krachts im sechsten Sinn.

Vgl. Schwindrazheim, Kasualgedichte eines Württembergers 125: „Denn bei seinem neuen sechsten Sinne werden Damons andere Sinnen starr".

V. 245ff.: Das Land der Unschuld, das Vorgebirge des Wunsches, das verlorene Paradies, die Atlantis, wo ein einsamer Richter die Venus mit dem Todeszeichen brandmarkt, ist eben ein Fabelland. Auch hier aber giebt der Dichter kein klares, einheitliches Bild und die Verse 245: „Wo noch kein Europersegel brauste" und 258: „Manches Schiff begrüßte schon den Strand" widersprechen sich geradezu. Vgl. oben die Bemerkungen zu Brutus und Cäsar. Zu dem Lande der Glückseligkeit vgl. auch Schiller, der Spaziergang unter den Linden [Gödeke II 352]: „die glückliche Insel zu suchen im gestadlosen Meere".

12.

Die Journalisten und Minos.

[Gödeke I 206; Bellermann IX 44.]

Da die Anthologie als Gegenschrift gegen Stäudlins Musenalmanach ausgegeben worden ist, so ist anzunehmen, daß sogleich das erste Gedicht, das offenbar satirisch ist, seine Spitze gegen Stäudlin gerichtet haben wird. Das hat schon Weltrich I 503 nachdrücklich betont: „Die Journalisten, der Schwarm Autoren, welche das Wasser des Kokytos in ihr Dintenfäßgen geschöpft haben, sind die schreibseligen Mitarbeiter des Schwäbischen Musenalmanachs". Witzig und treffend wird die Satire aber meines Erachtens erst unter der Annahme, daß Stäudlin oder einer seiner hauptsächlichen Genossen einen Schaden am Daumen hatte, den er möglichst, durch Handschuhe oder sonst wie, zu bergen suchte. Ich kann dies nicht nachweisen, aber es ist deutlich zwischen den Zeilen der letzten Strophe zu lesen, die sonst unverständlich bleibt, und so bedarf es kaum der Beglaubigung.

V. 13—17:

„Seit zwanzig herben Jahren"
(Die Post, versteht sich, muß
Ihr saures Stündchen fahren
Hieher vom Erebus.)
„Verschmachteten wir Arme".

Die eingeklammerte Bemerkung scheint die Zahl Zwanzig erklären zu sollen. Aber wenn das Blatt begann: „Seit zwanzig Jahren", so käme die Zeit, die der Transport der Zeitung bis zur Oberwelt erforderte, zu den zwanzig Jahren noch hinzu. Der Sinn müßte also sein: „Seit zwanzig Jahren (natürlich ist inzwischen schon wieder einige Zeit verstrichen) verschmachteten wir". Ob Schiller es so gemeint hat, bezweifle ich, aber sein Ausdruck erfordert diese Deutung.

V. 50: Und wetzte seinen Zahn.

Vgl. Bürger, Der Raubgraf 83: „Schon wetzte Meister Urian Auf diesen Braten seinen Zahn".

V. 65: So lange, bis er splittert,
Spaziert zum Born der Krug.

Vgl. Bürger, Der Raubgraf 76: „Allein der Krug geht, wie man spricht, Solang' zu Wasser, bis er bricht".

V. 69: Herab mit ihren Daumen.

Im dritten Bande der Neuen Beiträge zum Vergnügen des Verstandes und Witzes, Leipzig und Bremen 1750, S. 16, steht in dem satirischen Versuch eines deutschen Wörterbuchs unter der Redensart „nach der Ewigkeit streben", dies sei eine gewisse Krankheit, die der selige Herr Geheimrat Hofmann in Halle Autorfieber benannt habe. „Einige halten sie wegen der wunderlichen Gebärden, die der Kranke macht, und weil sie, wie andere epidemische Krankheiten, zu gewisser Zeit und oft wiederkommt, für eine Art der fallenden Sucht, zumal da sie angemerkt haben, daß sie dadurch gehemmt werde, wenn man dem Patienten den rechten Daum ausbricht, wie es bei der fallenden Sucht gebräuchlich ist". An unsrer Stelle soll der Höllenhund durch Abbeißen des Daumen nicht heilen, sondern bestrafen. Möglich aber, daß dem Mediziner Schiller gerade diese Art der Strafe für Autoren nahe lag durch seine Kenntnis des probaten Mittels gegen das Autorfieber.

V. 71: Schon wässert ihm der Gaumen.

Vgl. Bürger, Der Raubgraf 13: „Schon manchem wässerte der Mund".

V. 81: Und nun — Beherziget den Traum.

Das Wort Traum weist darauf hin, daß die angebliche Zeitungsnachricht eben nur ein Hirngespinst ist. Vgl. Räuber I 2: „Es ist ein Traum, eine Fiktion".

V. 85: Sie bergen oft die Lücken,
Wie Jauner ohne Ohr
Sich helfen mit Perücken.

Die Form Jauner bei Schiller öfter: Räuber I 2: „Pietisten, Quacksalber — Recensenten und Jauner"; Selbstkritik der Räuber im Württembergischen Repertorium: „Jaunerhorden"; Fiesko I 9: „Schafskopf von einem Jauner"; ebenda: „Du bist ein drolligter Jauner"; Fiesko I 2: „Jaunerparole". Daneben kennt Schiller aber auch die Form Gauner: Elegie auf den Tod eines Jünglings 82: Gauner durch Apostelmasken schielen"; Räuber I 2: „Du bist wohl nicht der erste Gauner". Ebenda II 3: „Reis' Du ins Graubündlerland, das ist das Athen der heutigen Gauner".

Zum Inhalt vergl. Moscherosch, Wunderliche und wahrhaftige Gesichte Philanders von Sittewald. Anderer Teil A la mode Kehraus, Erstes Gesicht, Haar-Narren: „ist das nicht eine lose Leichtfertigkeit, diese lange Haar also herunder hangend; sind recht Diebs-Haare: und von den Welschen, welchen umb einer Missethat oder Dieb-stucks willen, irgend ein Ohr abgeschnitten, erdacht worden, damit sie mit den Haaren es also bedecken möchten, und man es nicht sehen oder merken könnte. — Joachim Pauli in Schimpf und Ernst (diesen Nachweis verdanke ich Johannes Bolte) erzählt von einem Gesellen, der mit einem Krämer einen Handel schließt, daß er ihm um zwei Kreuzer ein seidenes Band von seinem einen Ohr bis zum andern messe, wie lang es werde. Als der Handel geschlossen war, nahm der Krämer dem Gesellen das Barett ab und sah, daß er nur ein Ohr habe, und der Geselle sprach: „Das andere ist zu Erfurt an den Pranger genagelt, miß mir bis dahin". Er hatte die „Lücke" also durch das Barett verborgen. Vielleicht erklärt sich damit auch die Stelle Räuber II 3: „Und sollt's dem Teufel um ein Ohr gelten" = und sollte ich dem Teufel ein Ohr opfern müssen.

Vgl. ferner Schiller, Venuswagen 223: „Sie verhüllen unter frommen Kutten nur den Mangel, der sie heimlich drückt"; Die schlimmen Monarchen 103: Berget immer die erhabne Schande Mit des Majestätsrechts Nachtgewande".

13.

Phantasie an Laura.

[Gödeke I 209; Bellermann I.]

Es ist schon von Bellermann darauf hingewiesen worden, daß der Gedanke des Gedichts ähnlich ausgesprochen ist in Schillers Rede über die Tugend in ihren Folgen betrachtet [Gödeke I 97]. Ebenso klingt er an in den Gedichten: Die Freundschaft und Triumph der Liebe. Der Gedanke ist, daß die Liebe die Grundkraft aller Bewegung, alles Werdens, Wachsens, Strebens und Schaffens in der Körperwelt wie im Geisterreich sei.

Ich kann Hoffmeister [Schillers Leben I 114] nicht zustimmen, wenn er sagt: „In den Lauraoden ist es doch eigentlich immer nur sinnliche Begierde, was uns entgegentritt". Wäre das richtig, so hätte Schiller später keines der Lauralieder in die Sammlung seiner Gedichte aufgenommen, noch hätte seine Gattin in ihrem Aufsatz über sein Leben geurteilt: „Die Gedichte an Laura zeigen, wie warm und glühend dieses Herz die Liebe empfand, aber doch immer eine eigene Wendung fand, das Höhere des Gefühls mit den Eindrücken des Lebens zu verbinden". Auch Schubart hatte die Gedichte so verstanden, wenn er in seinem Gedichte auf Schiller ihm Gottes Gruß überbringen ließ:

„Daß ihn Lauras Zauberblick
Nicht lockt' in der Wollust Lache;
Daß er in Lauras flimmendem Auge

— Gott sah! —
Daß er hörte des Weltalls Symphonie
Beginnend im tausendstimmigen Einklang der Liebe,
Endend im allstimmigen Einklang der Liebe".

Das Treffendste, was über die Lauralieder gesagt ist, hat meiner Meinung nach Schiller selbst in seiner Selbstkritik der Anthologie [Gödeke II 384] gesagt: „Die Gedichte sind nicht alle von den gewöhnlichen; acht an Laura gerichtet, in einem eigenen Ton, mit brennender Phantasie und tiefem Gefühl geschrieben, unterscheiden sich vorteilhaft von den übrigen. Aber überspannt sind sie alle und verraten eine allzu unbändige Imagination; hier und da bemerke ich auch eine schlüpfrige sinnliche Stelle in platonischen Schwulst verschleiert".

V. 1—4:
Der Gedanke ist, der sinnliche Wirbel, der die Körper aneinanderreißt, ist nur eine parallele Erscheinungsform des Zaubers, der die verwandten Geister unwiderstehlich zueinander zwingt.

V. 7: gleich Kindern um die Mutter hüpfend.

Weltrich I 460 meint, Schiller habe für das Wort Hüpfen eine unzeitige Liebhaberei gehabt. Im Vorwurf an Laura 25: „Hüpft der Heldin noch das Herz entgegen"? möge es gelten, wunderlicher aber sei es ebenda V. 50 gebraucht: „Hüpfen noch bei Vaterlandes Namen Meine Pulse lebend aus der Gruft"? und vollends spaßhaft stehe es Rousseau 74: „Hüpfe freudig in den Todesnachen". An unsrer Stelle passe das Wort Hüpfen als eine unruhige Bewegung nicht zum Planetenlauf. Ich glaube, der Vergleich findet hier nur statt zwischen dem Umkreisen der Planeten um die Sonne und der Kinder um die Mutter. Die Art der Umkreisung wird nicht in Vergleich gestellt. Ich nehme daher hier an „hüpfend" keinen Anstoß. Vgl. auch Elegie auf den Tod 2c. 30: „Da er noch in unsern Reihen hüpfte“; ebenda V. 50: „Lieblich hüpften — seine Tage hin im Rosenkleide“. Melancholie 551: „Meine Pulse hüpfen noch so jugendlich von dannen“; Der Spaziergang 128: „Hüpfet der Brücke Joch über den brausenden Strom“. Räuber II 2: „Wie man von einem Gedanken auf einen andern und schönern hüpfte“; ebenda II 3: „Und der hüpfende Pulverturm“; ebenda I 2: Da mancher König und Kurfürst in der Geschichte überhüpft würde“; Selbstkritik der Räuber [Gödeke II 364]: „nachdem er einmal den Menschen überhüpft hatte“. Nebenbei gesagt, wurde das Wort auch von Schillers Zeitgenossen, besonders auch von Maler Müller häufig gebraucht.

V. 12: Trinkt aus ihrem Feuerkelch Erquickung
Wie die Glieder Geister vom Gehirn.

Geister = Nervengeist, Leben. Vgl. Schiller, Philosophie der Physiologie § 6: „Worinnen aber diese Verschiedenheit liege, ob in einer größern oder geringern Zahl der Geister“ 2c. Schiller schrieb an unsrer Stelle später Leben. Vgl. Weltrich I 456:

V. 15—18: Sphären in einander lenkt die Liebe,
Weltsysteme dauern nur durch sie.
Tilge sie vom Uhrwerk der Naturen,
Trümmernd auseinanderspringt das All.

Vgl. Rede über die Tugend in ihren Folgen betrachtee [Gödeke I 97]: „Liebe ist das große Band des Zusammenhangs aller denkenden Naturen. Würde die Liebe im Umkreis der Schöpfung ersterben, — wie bald würde das Band der Wesen zerrissen sein“.

V. 21: Tilg' die Göttin aus der Geister Orden.

Die Abstufungen, Ordnungen (ordines) geistiger Wesen. Vgl. Haller, Ueber den Ursprung des Uebels III 5: „Verschieden war der Fall verschiedner Geister Orden“.

V. 22: Sie erstarren in der Körper Tod.

Sie werden „entgeistert". Vgl. Laura am Klavier 2: „itzt zur Statue entgeistert", d. h. jetzt nur toter Körper.

V. 23: Ohne Liebe kehrt kein Frühling wieder.

Vgl. Lied an die Freude 44: „Blumen lockt sie [die Freude, die aber in der Strophe ziemlich dasselbe bedeutet, was hier die Liebe] aus den Keimen".

V. 43: Und entbunden von den goldnen Kindern,
Strahlt das Auge Sonnenpracht.

Die goldnen Kinder des Auges sind die Thränen. Bei Lessing, Miß Sara Sampson II 3, heißen die Thränen der Freude Kinder der süßesten Wollust.

V. 51: Um der Größe Adlerflügel rc.

Der Adler als Sinnbild der Größe findet sich oft bei Schiller, worauf Weltrich I 458 hingewiesen hat: Leichenphantasie 44: „Himmelum flog er in schweifenden Wünschen, Hoch wie der Adler in wolkigter Höh'"; Räuber I 2: „Das Gesetz hat zum Schneckengang verdorben, was Adlerflug geworden wäre"; ebenda: „bis deine Haare gewachsen wie Adlerfedern"; Vorwurf an Laura 13: „Zu der Gottheit flog ich Adlerpfade"; Die Größe der Welt 27: „Senke nieder, Adlergedank', dein Gefieder"; Melancholie 108: „Des Jünglings Adlergang".

V. 62: Einsten hascht Saturn die Braut.

Vgl. Empfindung der Dankbarkeit beim Namensfeste der Frau Reichsgräfin 1, 44: „niemalen".

V. 65: „sich röten" hat schon Klopstock, Die frühen Gräber: „Sahe sich röten den Tag". Schiller braucht so auch Melancholie 14 u. 16 „sich lichten"; „sich golden"; Glocke 81: „sich bräunen".

14.

Bacchus im Triller.

[Gödeke I 212; Bellermann IX 47.]

Wie im Venuswagen Venus, wird hier Bacchus im Triller, d. h. im Drehhause, öffentlich zur Schau gestellt. Adelung sagt unter Drillen: „An einigen Orten hat man für gewisse leichte Verbrechen anstatt des Prangers besondere Drillhäuschen, welche auf einem Zapfen beweglich sind, worein man den Verbrecher sperret, da er denn von den Gassenknaben gedrillet, d. i. beständig im Kreis herumgetrieben wird". Der Prälat von Schmid sagt in seinem Schwäbischen Wörterbuch: „Triller m., eine mit Latten verschlossene, aufrecht gestellte Drehwalze, worin mutwillige Polizeiverbrecher, besonders Weiber und junge Leute, stehend umhergetrieben wurden. Eine solche Strafmaschine ist dem Verfasser seinem elterlichen Hause gegenüber aus seiner Jugend noch in lebhaftem Andenken".

V. 4: Manches Stück von altem Adel, Vetter, hast du auf der Nadel.

Die Verse, denke ich, sollen sagen, manche große Herren hast du auf dem Kerbholz, hast du trunken gemacht. Vgl. Bürger, Herr Bacchus 22: „Denn er [Bacchus] ist gar vortrefflich wohl bei großen Herren gelitten. — Allein mit Bacchus gehn sie um Als wie mit ihresgleichen". Den Ausdruck „auf der Nadel haben" weiß ich nicht anschaulich zu erklären. Hieß das Kerbholz als ein spitzes Holz auch Nadel? oder heißt es, viele dem Bacchus ergebene große Herren sind gewissermaßen noch mit einigen Maschen auf seiner Nadel?

V. 9: Manchen klugen Kopf berülpet.

Das Zeitwort berülpen hat Schiller wohl selbst gebildet

im Sinne von bethören, zum „Rülpen", d. i. zum dummen Flegel machen.

V. 29: Wie du um ein Seil gezwirbelt,

d. h. im Kreise herumgejagt hast.

V. 37: Knackten auf die lieben Beine,

d. h. einknickten, hinkrachten auf die lieben Beine.

V. 48: Schwager, warst doch sonst voll Ränke,

„auch" statt „doch" bei Gödeke ist Druckfehler.

V. 54: Wie ein Waschweib wirst du kaudern,

d. h. plappern, klatschen. Schmid in seinem Schwäbischen Wörterbuch kennt das Wort freilich nur in den Bedeutungen „wuchern" und „mürrisch sein".

V. 61: Unser Witz, aus Glas gekerbet.

Grimm erklärt: aus Glas geschnitten. Der Sinn ist also: unser Witz ist wie Glas und zerbricht im Nu. Das Bild ist gesucht.

15.

An die Sonne.

[Gödeke I 214; Bellermann IX 49.]

Das Gedicht, nach einer Bemerkung von Schillers Schwester Christophine, in des Dichters vierzehntem Lebensjahre verfaßt, ist noch ganz unter dem Einflusse Klopstocks entstanden. Bellermann merkt an, daß V. 9 und 43 fünffüßig sind. V. 25 hat fünf zweisilbige Versfüße.

V. 1: Preis dir, die du dorten herauf strahlst.

Dorten ist nach Adelung müßige Verlängerung der neueren Alemannen. Im Liede „Ach bleib mit deiner Gnade" brauchte schon im siebzehnten Jahrhundert der Franke Josua Stegmann die Form „hier und dorte". Schiller liebt die verlängerte Form. Vgl. Venuswagen 237; der Spaziergang 97; Totenfeier Riegers 93; Thekla, eine Geisterstimme 15. Vgl. zu Phantasie an Laura 62.

V. 12: Schnell begann nun das Grauen Sich zu wälzen dahin in ungeheuren Gebirgen.

Der Morgen graut. Vgl. Haller, Morgengedanken 1: „Der Mond verbirget sich, der Nebel grauer Schleier Deckt Luft und Erde nicht mehr zu"; ebenda 311: Wenn Titans erster Strahl der Felsen Höh' vergüldet Und sein verklärter Blick die Nebel unterdrückt".

V. 19: Und es küssen die Wolken am Saume der Höhe die Hügel.

Aehnlich schon Logaus Sinngedichte, Lessing I 2, Der Mai: „Dieser Monat ist ein Kuß, den der Himmel giebt der Erde".

V. 23: Das Wort Gevögel ist biblisch. Vgl. Mos. I 1,20.

V. 28: Vater der Heil'gen [der Sonne] vergieb, O vergieb mir, daß ich auf mein Angesicht falle Und anbete Dein Werk.

Hier schwebte dem Dichter wohl Klopstock, Frühlingsfeier 29, vor: „Ich bin herausgegangen, um anzubeten, Und ich weine? Vergieb, vergieb Auch diese Thräne dem Endlichen, O Du, der sein wird". Um Vergebung bittet Schiller, daß er den Topf statt den Töpfer, das Werk statt den Meister anbetet.

V. 31: Aber nun schwebet sie fort.

Der Uebergang mit dem Worte „aber" wie Klopstock, Frühlingsfeier 55: „Euch wunderbare Lüfte Sandte der Herr? der Unendliche? Aber jetzt werden sie still".

V. 37: Sie aber bleibt in der Höhe.

Daß die heut heraufstrahlende Sonne in der Höhe bleibt als Siegerin über alles Zeitliche, ist nicht einheitlich in sich. Ihr Lauf am Himmel wiederholt sich immer bis zum Weltuntergange, aber am einzelnen Tage bleibt sie nicht in der Höhe.

V. 41: Herrlichstes Fürbild der Edlen.

Vgl. oben zu Der Abend 1.

V. 42: bis einst Vor dem Schelten des Ewigen sinken die Sterne.

Vgl. Hiob 26, 10 u. 11: „Er hat um das Wasser ein Ziel gesetzet, bis das Licht samt der Finsternis vergehe. Die Säulen des Himmels zittern und entsetzen sich vor seinem Schelten".

16.

Laura am Klavier.

[Gödeke I 216; Bellermann I 20.]

Schiller hat das Gedicht, wenn er auch erst sich versucht fühlte, es aufzuopfern (Briefe, Jonas 658) nachher trotzdem, wenn auch verkürzt und mit kleinen Aenderungen, in die Sammlung seiner Gedichte aufgenommen.

V. 2 u. 3: itzt zur Statue entgeistert, Itzt entkörpert steh' ich da.

Beide Zusammensetzungen, entgeistert und entkörpert, finden sich schon in Wielands Agathon, z. B. 2. Teil, 2. u. 9. Kapitel.

V. 5. u. 6: Mächtig wie von tausend Nervgeweben Seelen fordert Philadelphia.

Von dem Taschenspieler Philadelphia weiß ich nur durch

Lichtenbergs spöttischen „Anschlags-Zeddel im Nahmen von Philadelphia" vom 6. Januar 1777, dessen Anschlag die Wirkung hatte, daß der Magier den andern Morgen in aller Stille von Göttigen abzog und dort nichts wieder von sich sehen ließ. Bellermann erklärt: Philadelphia beschwor häufig die Seelen Abwesender herbei und forderte also gleichsam ihren Nervgeweben die Seelen ab.

V. 9—12: Hingeschmiedet zum Gesang Stehn im ewgen Wirbelgang, Einzuziehn die Wonnefülle, Lauschende Naturen stille.

Unter den lauschenden Naturen können hier nicht, wie Weltrich I 468 sagt, schlechtweg Wesen zu verstehen sein. Denn die Wesen schlechtweg bewegen sich nicht im ewgen Wirbelgang. Es können nur die Gestirne gemeint sein. Vgl. oben zu Empfindungen der Dankbarkeit beim Namensfeste der Frau Reichsgräfin von Hohenheim 1, 27.

V. 13—14: Zauberin mit Tönen, wie Mit Blicken mich, zwingst du sie.

Mich dünkt, die Worte „wie mit Blicken mich" passen nicht recht in den Zusammenhang. Denn eben hat der Dichter ausgeführt, daß Laura ihn auch durch die Macht ihres Klavierspiels, also ihrer Töne, bald entgeistere, bald entkörpere.

V. 19: Wie des Chaos Riesenarm entronnen.

Schillers Drang zu pomphaften, volltönenden Ausdrücken ließ ihn Zusammensetzungen mit dem Worte Riese besonders lieben. So: Venuswagen 109: „Riesenspanne"; Phantasie an Laura 20: „Riesenfall"; An die Parzen 39: „riesenmäßige Projekte"; Hymne an den Unendlichen 9: „der Unendlichkeit Riesentochter"; Semele 60: „Riesenrüstung"; ebenda 451: „Riesentöters"; Räuber I 2: „Riesenplane"; ebenda III 2: „ihre Bienensorgen, und ihre Riesenprojekte"; ebenda V 1 und Carlos 1442: „Riesentroß"; Fiesko I 2: „Riesenleib"; ebenda III 3: „tief unten den geharnischten Riesen Gesetz am Gängelbande zu lenken"; Freigeisteres der Leidenschaft 2: „Riesenkampf"; Resignation 64: „Riesenschatten"; Don Carlos (Thalia) II. Verwandlung 151 u. 152: „Mit Riesenmut hätt' ich den Sprung gewagt, Mit Riesenkraft vollendet"; ebenda II. Akt 2704: „Riesenschritt"; ebenda II 13: „Riesengeist"; Don Carlos (Theater von Schiller) 2770: „Riesenarm"; ebenda 4799: „Riesengeist"; Wallensteins Tod 589: „Riesengeist"; Braut von Messina 1003: „Riesenarm"; Lied von der Glocke 208: „riesengroß"; Macht des Gesanges 23: „Gigantenschritt"; Kraniche des Ibykus 105: „Riesenmaß"; Der Kampf mit dem Drachen 250: „Riesenball"; Bürgschaft 96: „gigantische Schatten"; Totenfeier am Grabe Riegers 77: „Riesenrüstung"; Geisterseher [Gödeke IV 280]: „Riesenwerk"; Maria Stuart 558: „Die Empörung mit gigantischem Schritt" 2c. 2c.

V. 20: Aufgejagt vom Schöpfungssturm.

Daß die Schöpfung der Sonnen sich in einem Sturm vollzogen, ist eine Vorstellung, die ich so sonst nicht belegen kann. Vgl. Ovid Metam. I 70.

V. 21 u. 22: [Wie die Sonnen] Funkend fuhren aus der Finsternus, Strömt der goldne Seitenguß.

Schiller hat später geändert: „aus der Nacht, Strömt der Töne Zaubermacht". Vermutlich nahm er an der Form „Finsternus" Anstoß.

Zum Ausdruck vgl. Die Künstler 149: „Des Waldes Melodie floß aus dem Haberrohr"; ebenda 205: „floß die verschämtere Begierde melodisch aus des Sängers Munde"; ebenda 307: „Sein Geist zerrinnt im Harmonienmeere, das seine Sinne wollustreich umfließt"; Die Götter Griechenlands 50—52: „das Feuer, das in Pindars stolzen Hymnen floß, niederströmte in Arions Leier, in den Stein des Phidias sich goß".

V. 23: Lieblich itzt wie über bunten Kieseln.

Vgl. Goethe, Mahomets Gesang 14: „Jagt er bunten Kieseln nach". Später setzte Schiller für „bunten" „glatten".

V. 26: Wie des Donners Orgelton.

Vgl. Schiller, Hymne an den Unendlichen 11: „Seinen Gott, dem vernünft'gen Wurm, Orgle prächtig, Gewittersturm".

V. 32: Buhlende Winde.

Vgl. Goethe, Gesang der Geister über den Wassern 28: „Wind ist der Welle lieblicher Buhler".

V. 34: Wie durch toter Wüsten Schauernachtsgeflüster.

Solche mehrfach zusammengesetzten Wörter liebte Schiller. Vgl. „Hektors Abschied 11: „Vaterlandserretter; „Rousseau 78: „Jahrmarktsdudelei"; An einen Moralisten 3: „Winterwolkenthron"; ebenda 5: „Schreibepultgesetze"; Die sel'gen Augenblicke an Laura 2: „Himmelmaienglanz"; Melancholie an Laura 1: Sonnenaufgangsglut; V. 62: „Regenbogenfarbigt"; V. 94: „Lebenslampenschimmer". Semele 42f.: „Des Morgennimmerseins". Der Sturm auf dem Tyrrhener Meer 22: „Sturmvaterland" 2c. Vgl. ferner Phantasie an Laura 42: „Schauernacht"; und Eine Leichenphantasie 10: „Unterm Schauerflor der Grabnacht".

V. 36: Thränenwellen der Kozytus schleift.

Vgl. Der Sturm auf dem Tyrrhener Meer 31: „Schleiften den Erdball und schleiften den ewigen Himmel Mit sich dahin"; Die schlimmen Monarchen 69: „Spottet mir ein schleifend Echo nach".

V. 41: Von dem Auge weg der Schleier.

Vgl. das eleusische Fest 96: „Nimm hinweg des Auges Wolke".

V. 46: Winken durch zerrißner Himmel Ritze.

Ritze und Riß brauchte Schiller oft gleich Spalt.

Vgl. Triumph der Liebe 173: „Durch des Grabes Ritze"; Lied an die Freude 59: „Durch den Riß gesprengter Särge"; Das Geheimnis der Reminiscenz 100: [Flimmen öfters] — Strahlen durch die Ritze".

V. 49: Spötter mit Insektenwitze.

Vgl. Cabale und Liebe II 5: „Die Insektenseelen"; Ueber das gegenwärtige teutsche Theater [Gödeke II 344]: „Wir Menschen stehen vor dem Universum, wie die Ameise vor einem großen majestätischen Palaste. Es ist ein ungeheuer Gebäude, unser Insektenblick verweilet auf diesem Flügel"; ähnlich Räuber III 2: „ihre Bienensorgen und ihre Riesenprojekte — ihre Götterpläne und ihre Mäusegeschäfte".

17.

Die Herrlichkeit der Schöpfung.

[Gödeke I 218; Bellermann IX 50].

V. 4: In junger Schöne.

Die Schöne gleich Schönheit ist schon biblisch. Jesaias 33, 17: „Deine Augen werden den König sehen in seiner Schöne"; Jes. 54, 2: „Er hatte keine Gestalt noch Schöne"; In Schillers Zeit wurde das Wort namentlich von Dichtern noch viel so gebraucht. Vergl. zum Beispiel: Schiller, Melancholie an Laura 114: „Brich die Blume in der schönsten Schöne"; Der Satyr und meine Muse 10: „Zu ihrer Schöne Preis"; Die Künstler 259: „Dient unterwürfig dort der höhern Schöne"; ebenda 427: „Durch immer höh're Höh'n und immer schönre Schöne"; ebenda 460: „Zum Strahlensitz der höchsten Schöne"; Goethe Faust I Studierzimmer: „Leucht' in Meteorenschöne"; und ebenda:

„Himmlischer Söhne Geistige Schöne"; Klopstock, Messias I 78: „Sie [die Erde] hörte des Segnenden Rede, Der mit unsterblicher Schöne sie einst zu verneuen beschlossen"; ebenda XIV 9: „Durch die Schöne des Tags"; u. s. w.

V. 7: Es lagen lustig da die Auen und die Thale.

Der Plural Thale findet sich in den älteren Ausgaben der Bibel z. B. Jes. 22, 7; ebenda 40, 4.

V. 15: In dieser Ansicht schwamm — mein Auge.

Ansicht = Anblick, Aussicht, Bild. Vgl. oben zum Sturm auf dem Tyrrhener Meer 1, wo Schiller das Wort Schau ungewöhnlich verwendet. Vgl. Spaziergang 60: „Aber wer raubt mir auf einmal den lieblichen Anblick"; Der Abend 25: „O Anblick, wie entzückst Du mich". Der Unterschied ist fein, aber nach dem jetzigen Sprachgebrauch kann meines Wissens und Empfindens der Ausdruck „Die Ansicht vom Brocken" nur ein Abbild des Brockens, nicht aber die Aussicht bezeichnen, die sich uns oben auf dem Brocken bietet.

V. 17: Heilig, heil'ge Lüfte kamen.

In der Beifügung zweier (oft fast synonymer) Adjektiva zu einem Substantivum gebraucht Schiller mit Vorliebe namentlich wenn das Substantivum ein Neutrum ist, das erste Adjektiv unflektiert. Vgl. z. B. Piccolomini III 8 V. 1810 u. 1811: „Und wenn mein gütig freundliches Geschick Aus seinem furchtbar ungeheuren Dasein" ꝛc. Daß aber bei der an sich wohl seltenen Wiederholung desselben Adjektivums dieses an erster Stelle, wie hier, unflektirt steht, kann ich sonst nicht belegen. Oder ist heilig Adverbium?

V. 18: [Heilig, heil'ge Lüfte kamen] Und webten zärtlich mich. Nach Boxberger Jahrbücher für Philol. u. Pädag. Bd. 100 S. 167 Druckfehler für „Umwebten". So liest auch Bellermann, ohne die ursprüngliche Lesart zu erwähnen.

V. 20: Die innern Himmel.

In der Bibel kommt öfters vor „der Himmel und aller Himmel Himmel", z. B. Mos. V 10, 14. Ebenso wird Paulus 2. Cor. 12, 2 in den dritten Himmel entzückt. Klopstock hat die Vorstellung mehrerer über einander gelegener Himmel bis zum obersten Thron Gottes übernommen.

V. 31: Da schweb' ich nun in den saphirnen Höhen

Vgl. Haller, Morgengedanken 5: „Der Himmel färbet sich mit Purpur und Saphiren"; ebenda 37: „Der weiten Himmel-Raums saphirne Gewölbe".

V. 36: Und hier die Lichteskönigin.

Uz: Der wahre Mut 77: „Die Königin des Lichts läßt ihre letzten Strahlen des Meeres blaue Schuppen malen".

V. 42: Die in dem Einsamen der dunkeln Ewigkeit.

Im Einsamen gleich in der Einsamkeit. Vgl. Klopstock, Messias I 92, wo Christus zu Gott sagt: „In der Stille der Ewigkeit, einsam und ohne Geschöpfe, waren wir beieinander". Aehnlich Mess. II 818: „in des Leeren Abgrund".

V. 48: Der große Lobgesang Tönt auf der Laute der Natur.

Vgl. Triumph der Liebe 161: „Liebe, Liebe lispelt nur auf der Laute der Natur"; Elegie auf den Tod Weckerlins 38: „O ein Mißklang auf der großen Laute".

18.

Elegie auf den frühzeitigen Tod Johann Christian Weckerlins von seinen Freunden.

Stuttgart den 16. Januar 1781].

[Gödeke I 178; Bellermann I 14.]

So lautet der Titel eines Einzeldrucks des Schillerschen Gedichtes, das er später in die Anthologie übernahm. Der

Besungene war ein Bekannter Schillers aus der Karlsschule, hatte dort Medizin studiert und war dann in die Apotheke, der sein Vater vorstand, eingetreten. Schiller ließ das Gedicht auf Kosten der medizinischen Genossen drucken und verteilte die Kosten auf die einzelnen. Er selbst ging für seine Bemühungen frei aus. Vgl. Jonas. Schillers Briefe Nr. 14.

Als Motto hatte Schiller Hallers Worte aus seinem „Unvollkommenen" Gedicht über die Ewigkeit entnommen.

Ihn aber hält am ernsten Orte,
Der nichts zurücke läßt,
Die Ewigkeit mit starken Armen fest.

Wenn Bellermann in den Lesarten anmerkt, bei Haller laute die zweite Zeile unseres Mottos

Der nichts zu uns zurücke läßt".

so trifft das nach den mir vorliegenden neunten Auflage des Versuchs Schweizerischer Gedichte Albrecht von Hallers (Göttingen 1762) nicht zu. Hier fehlen die Worte „zu uns" wie bei Schiller.

V. 1: Banges Stöhnen, wie vorm nahen Sturme.

Vgl. Ossian, von Haroldsche Uebersetzung I 90 [Carthon]: „Er kam, wie der dumpfe Laut eines Sturms, ehe die Winde sich heben".

V. 3: Totentöne fallen von des Stiftes Turme.

Totentöne gleich Töne der Totenglocke, „Grabgesang der Glocke". Für Stiftes schrieb Schiller in der zweiten Fassung Münsters. Gemeint war wohl zunächst die Stiftskirche in Stuttgart. In der zweiten Fassung sind mit dem Namen Weckerlins auch die individuellen Züge des Ortes getilgt worden.

V. 4: Einen Jüngling trug man hier heraus.

Vgl. Lucas 7,12: „da trug man einen Toten heraus".

V. 5: Einen Jüngling — in dem Mai der Jahre.

Vgl. Resignation 6: „Des Lebens Mai blüht einmal und nicht wieder"; Räuber IV 1: „Die goldnen Maienjahre der Knabenzeit leben wieder auf"; Das Lied von der Glocke 100: „Des Lebens schönste Feier endigt auch des Lebens Mai"; Wieland, Agathon Buch IV Kap. 2: „denn der blendende Jugendglanz, der mit dem Mai des Lebens zu verschwinden pflegt" u. s. w.. In der zweiten Fassung heißt unser Vers: „In des Lebens Mai gepflückt", wie überhaupt die zweite Hälfte der Strophe geändert ist.

V. 20: Prahlt der Held noch, der auf aufgewälzten Thatenbergen In des Nachruhms Sonnentempel fleugt?

Vgl. Vorwurf an Laura 5: „Weggehaucht die aufgewälzten Berge Zu des Ruhmes Sonnenhöhn"; Totenfeier Riegers 65: „Fragt er, ob der große Tote hier Zu dem Tempel des Triumphs geklettert"; Räuber I 2: indeß Spiegelberg mit ausgespreiteten Flügeln zum Tempel des Nachruhms empor fliegt"; Goethe, Götz II Bamberg: „Ich sah statt des aktiven Mannes — der auf hundert großen Unternehmungen wie auf übereinander gewälzten Bergen zu den Wolken hinaufgestiegen war" u. s. w.

Die nächsten zwei Strophen fielen in der zweiten Fassung fort, vermutlich, weil sie als freigeisterisch Anstoß erregt hatten. Vgl. Jonas, Schillers Briefe Nr. 14. Ich zähle die Verse nach der ersten Fassung, wie sie Gödeke bietet, wenn ich, um die Gedichte der Anthologie nach der Reihe vollzählig zu besprechen, das Gedicht auch erst an dieser Stelle, nicht nach seiner Entstehungszeit vor Ausgabe der Anthologie erläuteree.

V. 28: Lebens-Konterfey.

Vgl. Die sel'gen Augenblicke an Laura 7: „Aus Paradieses Fernen"; Das Lied von der Glocke 32: „mit Feuers Hilfe"; ebenda 54: „in Schlafes Arm"; ebenda 186: aus

Ofens Rachen"; ebenda 225: „Feuers Wut"; Bürgschaft 103: „in Abendrots Strahlen"; Piccolomini 1534: „Vaters Armen"; ebenda 1761: an Ufers Grün"; Wallensteins Tod 1692: „Freundes Angesicht".

V. 29: Frisch wie Roß im Eisenklang sich brüstet.

Roß ohne Artikel hier wohl nur um des Versmaßes willen.

V. 35: Boas' Vermutung [Schillers Jugendjahre I 221], daß das Gelübde auf eben dieser Leichenflur beim Begräbnis des jungen v. Hoven ausgesprochen sei, ist möglich, aber ohne jede Bezeugung. Ein Zusammentreffen von Freunden auf dem Kirchhof, namentlich in einer Stadt vom Umfang des damaligen Stuttgart, konnte oft stattfinden.

V. 48: Bitte nur, geschlagenster der Väter.

V. 11 u. V. 56 wird die Mutter erwähnt als die nächste Leidtragende.

V. 61: Ach die Welt ist Sterbenden so süß.

Vgl. V. 52: „Ach die Welt, die Welt ist Sterbenden so süß"; Carlos 4396: „O Gott, das Leben ist doch schön"; Gerstenberg, Ugolino IV gegen das Ende: „Ach ja, das Leben ist so was Süßes".

V. 62 u. 63: Stumm und taub ist's in dem engen [Hause,
Tief der Schlummer der Begrabenen.

Ossian, Goethe Werther Colma: „Aber schon ruhten sie im engen Hause"; ebenda Alpin: „Tief ist der Schlaf der Toten". Vgl. Räuber V, 2: „Aber er liegt fern im engen Hause".

V. 70: Liebe wird Dein Auge nie vergolden.

Gemeint ist wohl, Liebe wird Dein Auge nie mit Freudenthränen verklären. Vgl. Phantasie an Laura 43: „Und entbunden von den goldnen Kindern Strahlt Dein Auge Sonnenpracht".

V. 82: Manche brüllend dich der Hölle weihen.

Zu der zweiten Fassung: „Fromme Mordsucht dich der Hölle weihe" vgl. Die Künstler 80: „Da schürte heil'ge Mordsucht keine Flammen"; Klopstock, Messias IV 478: „Wie ohnmächtig, zu sondern die Religion und die Mordsucht".

V. 93: Diesem possenhaften Lottospiel.

Vgl. Räuber III 2: „Dieses bunte Lotto des Lebens"; IV 5: wenn's aus wäre mit diesem letztem Odemzug — — Aus wie ein schlechtes Marionettenspiel"; Am 2. Mai 1787: „In dieses Lebens buntem Lottospiele"; Spaziergang unter den Linden: „Es ist ein betrügliches Lotto".

V. 98: O so klatschet, klascht doch in die Hände.

Vgl. Räuber I 2: „und klatschen in die Hände, wenn ihr Nebenbuhler bankerott von der Börse geht".

V. 100: Sterben ist der langen Thorheit Ende.

So hatte schon Ewald v. Kleist in der Rhapsodie „Tod" die Welt ein Narrenhaus genannt. Vgl. Jungfrau von Orleans 232, 9: „Dem Narrenkönig gehört die Welt."

V. 106—109: Wohl dem, der nach kurz gespielter Rolle Seine Larve tauschet mit Natur, Und der Sprung vom König bis zur Erdenscholle Ist ein leichter Kleiderwechsel nur.

„Natur" bedeutet hier den Staub, die Atome, aus denen der Mensch besteht. Seine Gestalt ist hier nur ein Theaterkostüm, für die kurze Rolle, die er auf der Erde zu spielen hat. Vgl. Rosseau 78: „Dieses Lebens Jahrmarktsdudelei".

V. 111: Eingewiegt von unsern Segnungen.

Vgl. Räuber II 2: „wie süß ist's, eingewiegt zu werden in den Schlaf des Todes von dem Gebet eines Sohnes — das ist Wiegengesang"; ebenda IV 4: „und Amaliens Liebe wiegt ihn in Stürmen ein".

V. 112: Grabeshöhle.

Vgl. Klopstock Mess. XII 489.

V. 116: nach aufgerissnen Todesriegeln.

Auch Riegel ist ein von Schiller häufig gebrauchtes Wort: z. B. Laura am Klavier 42: „Starre Riegel vor dem Ohr"; Räuber III 1: „Die Riegel der Ewigkeit"; ebenda V 5: „Grauser Schlüssel, der — vor mir aufgeriegelt die Behausung der ewigen Nacht"; Die schlimmen Monarchen 32: „des Gruftgewölbes Riegel"; Das Geheimnis der Reminiscenz 43: Unserm Winke sprangen Chaosriegel".

V. 119: Gräber kreisen.

Vgl. Räuber V 1: „Da erscholl's wie aus ehernen Posaunen: Erde, gieb deine Toten, gieb deine Toten, Meer! und das nackte Gefilde begann zu kreisen und aufzuwerfen Schädel und Rippen und Kinnbacken und Beine".

V. 121: Ihren Raub die Grüfte wiederkäuen.

Staub statt Raub bei Gödeke ist Druckfehler. Das Wort wiederkäuen, das Schiller auch sonst braucht, z. B. Räuber I 2 und II 1, hier nicht in der Bedeutung des abermaligen Verarbeitens, sondern des Wiederauswerfens. Die Gräber haben die Toten eingeschluckt und werfen ihren Raub jetzt wieder aus.

V. 122: Nicht in Welten, wie die Weisen träumen,
Auch nicht in des Pöbels Paradies,
Nicht in Himmeln, wie die Dichter reimen,
Aber wir ereilen dich gewiß.

Der Sinn ist nicht auf anderen Sternen in einem neuen körperlichen Leben, nicht in einem Paradiese, wo nach des Pöbels Gedanken der Mensch in ewigem Wohlleben schwelgt, auch nicht als Engel im Himmel, die im Anschauen Gottes entzückt sind wie etwa ein Klopstock dichtete aber, irgendwie treffen wir in der Liebe als dem ewigen Urgrunde alles Geistes wieder zusammen. Bekannt ist, daß Schiller diese Verse mit leichter Aenderung des vierten in das Exemplar einer englischen Bibel schrieb, das er am 2. August 1788 seiner zukünftigen Schwiegermutter zum Geschenk machte. Zu dem Ausdruck „des Pöbels Paradies" vgl. Gotter, Ueber die Starkgeisterei 102 im teutschen Merkur: „Der Zukunft Strafen Und Freuden für den Pöbel gut, Der schwerlich sonst an seiner Kette ruht". Meine Deutung der Worte „wir ereilen Dich gewiß" weicht von der Kuno Fischers (Schillerschriften I 96) wohl etwas ab, aber seine Erklärung des Gedichts im übrigen erscheint mir geistreich, scharfsinnig und treffend, wenn auch zu reichlich mit philosophischem Zierat verbrämt".

V. 126: Ob es wahr sei 2c.

Schiller schrieb in der Anthologie, vermutlich aus Rücksicht auf den Censor und das weitere Lesepublikum statt „ob" „Daß es wahr sei" 2c. und änderte V. 129 so: „Daß es mehr denn eitle Phantasei". Dazu paßt dann freilich V. 130 (Schon enthüllt sind dir die Rätsel alle) nicht so gut; denn Thatsachen sind keine Rätsel.

V. 132: Wahrheit, die in tausendfachem Strahle
Von des großen Vaters Kelche fließt.

Vgl. Totenfeier Riegers 91: „Und die Wahrheit leuchtend wie die Sonne ihm aus tausend Röhren schäumt".

V. 134: Zieht denn hin, ihr schwarzen, stummen Träger.

Vgl. Fiesko IV 14: „Ich sehe die stummen Träger den zerrissenen Leichnam meines Gemahls mir entgegentragen".

V. 135: Dem großen Würger.

Der Tod wird von Schiller öfters Würger genannt. Z. B. Melancholie an Laura 66: „Wächst der ewige Würger nur"; Cabale und Liebe V 7: „Der gerührte Würger ging schonend über diese freundlichen Wangen hin".

V. 112: Erde mag zurück in Erde stäuben.

Das Zeitwort „stäuben" findet sich schon bei Klopstock, z. B. V 325: „Daß der Staub nicht vor ihm ins Unermeßliche stäube". XI 1081: „sein stäubend Gehirn"; Schiller, Räuber I 2: „sich den tausendjährigen Ruß aus den Augen stäuben".

19.

Der wirtschaftliche Tod.

[Gödeke I 220; Bellermann IX 51.]

Es ist nicht sicher, ob Schiller der Verfasser des Epigramms ist. Ich glaube es, da Schiller es in seiner Kritik der Anthologie im Württembergischen Repertorium erwähnt. Diese Kritik erscheint mir aber als eine Selbstkritik (vgl. Bellermann IX 5). Die fremden Beiträge von Hovens, die einzigen, die wir mit Sicherheit nachweisen können, sind dort übergangen. Da Schiller aber diese unter den Beiträgen der Freunde am höchsten schätzte, ist ihre Verschweigung, wie mich bedünkt, ein Beweisgrund, daß er über die Beiträge der Freunde überhaupt nicht öffentlich urteilen wollte, um keinen zu verletzen, und daß also alle in der Kritik erwähnten Stücke, und ebenso alle, die eine der Chiffren eines der erwähnten Stücke tragen, von Schiller selbst herrühren.

Schiller nennt unser Sinngedicht in der Kritik treffend und gut. Unsicher bleibt, ob es seine Spitze gegen die Aerzte überhaupt wendet oder gegen einen besonderen durch unglückliche Kuren berüchtigten Arzt. Ich vermute das letztere. Vielleicht ist an den Doktor Sänftel zu denken, über den ich unter Nummer 30 eingehender zu handeln haben werde. Der Sinn ist klar: der Tod verfährt wirtschaftlich, wenn er den Kurpfuscher verschont, dessen zahlreiche Opfer dem Tode mehr wert sind, als er selbst, der abgelebte Mann.

20.

Rousseau.

[Gödeke I 220; Bellermann I 22.]

Von den vierzehn Strophen, die das Gedicht in der Anthologie zählte, hat Schiller nur die erste und siebente in seine Sammlung der Gedichte übernommen. Ueber Schillers Verhältnis zu Rousseau hat Kuno Fischer im ersten Teile seiner Schillerschriften geistreich geschrieben; er weist auf die Denkwürdigkeiten von Johann Jakob Rousseau in Helfrich Peter Sturz' Schriften hin als auf die Quelle unsers Gedichts. Daß Schiller diese Denkwürdigkeiten gelesen hat und vielfach Anregungen daraus wie aus Sturz' Schriften überhaupt gewonnen hat, ist keine Frage; aber einzelnes wird er auch aus anderen Schriften entlehnt haben: von Rousseaus Grabmal finde ich beispielsweise bei Sturz nichts. Die Verse: „Schwelgerei und Hunger brüten Seuchen, Tollheit rast mavortisch in den Reichen: Wer ist schuld?" — Das arme Irrgestirn" lassen mich ebenfalls nach einer anderen Quelle suchen als Sturz' Denkwürdigkeiten, wo sich mit Beziehung auf diese Beschuldigungen gegen Rousseau nur die Worte finden: „Rousseau ward als ein Gottesleugner geschildert, auf der Kanzel kam die Betrachtung vor, daß eines einzigen Verbrechers wegen oft ein ganzes Volk vernichtet worden sei". Auch Schillers Nebenbuhler Stäudlin hat Rousseau in einem langatmigen

Gedicht besungen, das im gleichen Jahr mit der Anthologie im Druck erschien. Obwohl es einige Berührungspunkte mit dem Schillerschen Gedicht hat, ist kaum anzunehmen, daß eins vom andern abhängig ist.

V. 4: Fried' und Ruh' den Trümmern deines Lebens.

Aehnlich bei Stäudlin: „Dir säusle der Wipfel der Pappel Ruh' und Friede herab".

V. 9: Frommer Eifer umgestrudelt hat.

Vgl. Venuswagen 113: „Manchen hat ins Elend sie gestrudelt"; Vorwurf an Laura 36: „Und hinunterstrudelte mich das Wort"; Die Größe der Welt 18: [Fluten] „Strudeln dem Sonnenwandrer nach"; Geheimnis der Reminiscenz 115: [Unsre Wesen] „Strudelnd sich verwirren".

V. 17: Gegen Riesen Rousseau kind'sche Zwerge.

Man vermißt den Artikel. Vgl. Elegie auf den Tod Weckerlins 28.

V. 19: Brücken vom Instinkte zum Gedanken.

Wesen, die moralisch zwischen Tier und Mensch stehen, die Kluft zwischen Tier und Mensch überbrücken.

V. 20: Angeflicket an der Menschheit Schranken.

An die Schranken nach unten zum Tiere hin.

V. 23: Wo der Affe aus dem Tierreich geilet.

Vgl. Hauff, Schillerstudien S. 6: „Der Affe ist unter den Tieren dem Menschen am ähnlichsten; dessenungeachtet ist immer noch eine Kluft zwischen dem Menschen und Affen befestigt (?), und in diese Kluft sind, halb Menschen, halb Affen, die Verächter Rousseaus eingekeilt". Die blinde Verfolgungssucht seiner Feinde faßt Schiller hier also mehr als Dummheit, denn als Bosheit auf. Sie sind kaum noch als Menschen anzuerkennen und erscheinen fast tierisch. Zu „abzustehen" vgl. Schwindrazheim, Kasualgedichte S. 326: „Schnell ständ ich ab, als wie ein Fisch Auf sommerdürrem

Sande". Geilen heißt, wie Weltrich I 549 anmerkt: mutwillig über etwas hinausstreben wie Fiesko I 9: „Mein Genie geilte frühzeitig über jedes Gehege".

V. 25: Neu und einzig — eine Irresonne.

Das Wort Irrstern, das schon Frisch als deutschen Ausdruck für Planet anführt, findet sich z. B. bei Ewald v. Kleist, Cissides und Paches I 146: „Der Felsenstücke Last, von dem Ballist geschleudert, sausten und durchkreuzten sich, Irrsternen gleich, im Raum der finstern Luft". An unsrer Stelle heißt Irresonne ein plötzlich auftauchendes Gestirn, ein Meteor oder ein Komet, der von Abergläubischen als Unglückszeichen angesehen wird.

V. 26: Standest du am Ufer der Garonne.

Rousseau ist meines Wissens nicht an der Garonne gewesen. Das Ufer der Garonne steht hier wohl nur für Frankreich. Ludwig Bellermann äußerte mir im Gespräche den Gedanken, Schiller könne zu diesem Ausdruck durch Wielands Oberon geführt sein. Vgl. Oberon IV 14:

Und wenn sie in die unabsehbaren Flächen
Hinaussehn, wo in Luft der Wellen Blau zerrinnt,
Fängt Hüon an, von seinem Land zu sprechen:
Wie schön es ist, wie froh darin die Leute sind,
Und wie von Ost und West die Sonne
Doch auf nichts Holders scheinen kann
Als auf die Ufer der Garonne;
Und alles dies beschwört sein alter Lehensmann.

V. 28—30: Schwelgerei und Hunger brüten Seuchen,
Tollheit rast mavortisch in den Reichen:
Wer ist schuld? — Das arme Irrgestirn.

Ich weiß nicht, woher Schiller die Nachricht hatte, daß Seuchen und kriegerische Unruhen Rousseau schuld gegeben worden waren. Bei Sturz findet sich davon, wie oben ausgeführt wurde, nichts. Ich vermute hier eine andere, noch unbekannte Quelle.

V. 31—33: Deine Parze — hat sie gar geträumet
Hat in Fieberhitze sie gereimet,
Die Dich an der Seine Strand gesäugt?

Daß Rousseau für Frankreich nicht paßte, den Franzosen unverständlich war, ist bereits in der vorangehenden Strophe gesagt worden. Ich verstehe daher die Steigerung nicht recht, die das Wort „gar" andeutet. Auch zu den folgenden Zeilen, daß unsre Enkel staunen werden, wenn Rousseau aus Franzosengräbern steigt, scheint mir nicht zu dem Ausdruck zu passen, daß die Parze ihn an der Seine Strande gesäugt, daß heißt doch wohl, groß gezogen habe. Klarer schiene mir der Gedanke, wenn etwa gesagt wäre: Hat die Parze in Fieberhitze gereimt, die dir an der Seine Strand den Lebensfaden abgeschnitten hat? Wie werden die Enkel staunen, wenn Rousseau aus Franzosengräbern steigt! Ich sage nicht, daß Schiller so hätte schreiben müssen, sondern nur, solchen Gedankengang würde ich verstehen, während Schillers Worte mir hier nicht klar erscheinen. Der Ausdruck „an der Seine Strand" findet sich noch Kindesmörderin 55 und die Antiken in Paris 3.

V. 47: Und der Liebe sanfte Odem flüstern.

Das Wort Odem, das bekanntlich biblisch ist, findet sich bei Schiller oft. Den Plural des Wortes kann ich sonst nicht belegen.

V. 58: Hier erfanden schlauere Perille.

Vgl. Räuber IV 5: „Warum hat mein Perillus einen Ochsen aus mir gemacht, daß die Menschheit in meinem glühenden Bauche bratet".

An unsrer Stelle hinkt der Vergleich, wie schon Viehhoff ausführt. Das Priestergeschrei, das sich wider Rousseau erhob, kann nicht gut mit dem Schmerzgeschrei des in Perillus' Ochsen zu Tode Gequälten verglichen werden.

V. 59: Ein noch musikalischer Gebrülle.

Der unflektierte Komparativ ist selten.

V. 73: Geh, du Opfer dieses Trillingsdrachens.

Zwei Köpfe des Trillingsdrachens, das Vorurteil und der Eigennutz, sind durch fetten Druck in der Anthologie kenntlich gemacht. Beim dritten kann man zweifelhaft sein, ob die Dummheit oder die verderbengeifernde Engherzigkeit der Priester gemeint ist.

V. 80: [zu bieder] Warst du ihr, zu hoch — vielleicht zu nieder.

d. h. [zu aufrichtig] Warst du ihr [der Welt], zu wahrhaftig — vielleicht zu bescheiden.

Zum Schluß möchte ich hinweisen auf einen Aufsatz Johann Georg Jacobi's über Rousseau, der in der Schrift „über die berühmtesten vier Gelehrten unsers Philosophischen Jahrhunderts Rousseau's, Lambert's, Haller's und Voltaire's in Frankfurt und Leipzig" mit der Unterschrift „Pempelfort, bey Düsseldorf d. 26. Jul. 1778 J. J. Jacobi" erschien. Ich kann nicht nachweisen, daß Schiller ihn benutzt hat, aber das Gedicht, mit dem der Aufsatz schließt, atmet eine gleiche Begeisterung für Rousseau wie Schillers Gedicht. Ich lasse es hier zur Vergleichung folgen:

Armer! bin ich wert, um Dich zu weinen,
Hier im fernen teutschen Vaterland:
O so laß mich! — Armer! von den Deinen,
Als Du Wahrheit suchtest, fortgebannt,
Ausgehöhnt von stolzen Atheisten,
Weil Du Glauben trugst in Deiner Brust,
Und verfolgt vom Priester unter Christen,
Gleich als wär' Verfolgen Engelslust!
Ach! gehöhnt, weil Dir ein Leben ohne Reue

Für Dein Elend künft'gen Trost verhieß;
Ach! verfolgt, weil ohne Lieb' und Treue
Man umsonst Dir seinen Glauben pries!
Konntest nicht den bittern Lohn verschmerzen
Von dem Volke, dem Du wohlgethan;
Gingst hinweg mit Deinem Bruderherzen,
Gingst allein auf Deiner Dornenbahn.
Armer, Guter! schlafe jetzt in Frieden,
Wo kein Priester Dich, kein Gottesleugner drängt;
Guter, Edler! Bist dahin geschieden,
Wo die Einfalt ihre Kron' empfängt,
Wo dem Märtyrer aus allen Himmelslichtern
Sein errung'ner Glanz entgegenscheint,
Lieb' und Ruh' in allen Angesichtern
Um den hier Verstoßnen sich vereint. —
Unter jene Bäume will ich wallen,
Wo, von Menschen weit, Dein Lager sanfter ist:
O, da werden blut'ge Thränen fallen
Ums Jahrhundert, wenn es Dich vergißt.

21.

An den Galgen zu schreiben.

[Gödeke I 223; Bellermann IX 52.]

Das Gedicht trägt die Chiffre C., die von Schillers Schwager Reinwald auch Schiller zugeschrieben worden ist. Völlig sicher ist Schillers Autorschaft aber nicht. Das Epigramm lautet:

An den Galgen zu schreiben.

Wer zu mir kommt, passiert durch manche Grade:
Venus, Merkur und — Fürstengnade.

Die Spitze des Epigramms liegt wohl darin, daß Fürstengnade die Günstlinge zum Galgen führt. Ob gemeint ist, die Fürstengnade verführt die Günstlinge leicht zu Verbrechen, oder der Gnade folgt wegen der Launenhaftigkeit oft die Ungnade, mag ich nicht entscheiden. Auffallend ist ferner, daß nach der Aufschrift der Galgen bestimmt ist für solche, die durch mehrere Grade Verbrecher gewesen sind: durch Wollust, Raub oder Betrug und Fürstengnade, die oft nur durch Verbrechen erkauft wird. Vermutlich hat ein bestimmter Verbrecher Anlaß zu dem Epigramm gegeben, der jene drei Grade passiert hatte; aber ich weiß einen solchen nicht nachzuweisen. Man könnte an „Jud Süß" denken. Die drei Grade hat er durchlaufen; aber sein Tod lag zur Entstehungszeit des Gedichts schon weit zurück.

22.

Die seeligen Augenblicke an Laura.

[Gödeke I 223; Bellermann I 22.]

Im ersten Druck in Stäudlins Musenalmanach heißt das Gedicht: Entzückung an Laura. Dort fehlen zwei Strophen, die Verse 31—36 und 43—48. In seine Gedichtsammlung nahm Schiller unter der Ueberschrift des ersten Druckes nur die vier ersten Strophen auf. Ueber die Stimmung, aus der das Gedicht geflossen, verweise ich auf Minor, Weltrich und Kuno Fischer. Ich hebe nur einzelnes zur Worterklärung hervor:

V. 3: Wenn dein Blick in meine Blicke flimmt.

Vgl. Geheimnis der Reminiscenz 98: „Flimmen öfters — Strahlen durch die Ritze"; Der Spaziergang unter den Linden [Gödeke II 352]: „schon flimmt wie weißes Gewölk am Rande des Horizontes die glückliche Küste". Das Wort bedeutet ein schwaches Flammen, wie z. B. knistern ein leises Knastern oder knirren ein schwächeres Knarren; ebenso knicken und knacken, zwicken und zwacken. Aehnlich beraucht Schiller Morgenphantasie 13: „Wie silberfarb flittern die Wiesen" gleich sich zitternd bewegen, flattern. Ebenso bedeutet auch Gitter ein kleineres Gatter. Vielleicht erklären sich so auch die Nebenformen risch und rasch und Zusammensetzungen wie fickfacken, Klingklang, Singsang, Schnickschnack, Zickzack; Kikelkakel, Mischmasch, Wischewasche, Krimskrams, Ritschratsch, pitschepatsche, schnippschnapp, klippklapp, tipptapp, ticktack, bimbam, so daß der hellere Laut i in der Zusammensetzung immer ursprünglich auch die schwächere Form des zweiten Wortes ausdrückt.

V. 10; Meine Muse fühlt die Schäferstunde.

Von Schäferstunden der Muse spricht Schiller öfters, z. B. Hochzeitgedicht auf die Verbindung Henrietten N. mit N. N. 3: „Die Schäferstunde schlägt mir wieder"; Brief an Huber vom 7. Dez. 1784 [Jonas 120]: „Diese Schäferstunden blieben aus".

V. 17: Wenn im Wirbeltanze deine Sohle.

Wenn Laura tanzt, sieht der Dichter im Geiste Amoretten Flügel schwingen und hinter ihr trunkne Fichten springen, als hätte sie Orpheus belebt. Das scheint mir zweifelsohne der Gedanke der Verse. Die Verse 13—15 gehören also zu den folgenden, nicht zu den vorangegangenen Versen. Das Bild, daß die trunkenen Fichten hinter Laura hertanzen, ist freilich gesucht; der junge Schiller liebte aber solche pomphaften Uebertreibungen und fühlte nicht, daß sie ins Lächerliche fallen.

V. 20: [Deine Blicke] Könnten Leben durch den Marmor fächeln.

Daß die Blicke fächeln könnten, ist eins der vielen Bilder des jugendlichen Schiller, die der Anschaulichkeit entbehren und deutlich der Reimnot ihren Ursprung verdanken.

V. 26: [Wenn dann] in Körper Körper wachsen.

Viehoff weist darauf hin, daß eigentlich Körper im Singular stehen müßte: der Körper des einen in den Körper des andern. Gewiß, aber der Begriff Zwei beherrscht den Dichter noch: wenn dann, wie zwei aus den Achsen gehobene Gestirne, so hier die Körper zweier Liebenden jeder in den andern wachsen. Mir scheint die Härte hier gering.

V. 27: Mund an Mund gewurzelt brennt.

Wurzeln ist ein Lieblingswort des jungen Dichters: vgl. z. B. Brief an Scharffenstein [Jonas 2]: „Ich erkenne dieses Laster — wurzle mir's aus dem Herzen, lieber himmlischer Vater"; Räuber III 2: „alle Augen wurzelten auf mir"; Zweite Vorrede zu den Räubern: „der Pöbel wurzelt (unter uns gesagt) weit um"; Selbstkritik der Räuber: „Das Aug wurzelt in den erhabenen armen Sünder"; Räuber, zweite Bearbeitung IV 12: „ich wurzle hier"; Cabale und Liebe IV 3: „Augen in Augen wurzelnd". Das Wort ist biblisch in der Bedeutung Wurzel treiben, z. B. 2. Kön. 19, 30: „die Tochter Judas — wird förder unter sich wurzeln und über sich Frucht treiben". Ferner gewurzelt sein in der Bedeutung festgewachsen sein, z. B. Jeremias 17, 8: „Der ist wie ein Baum, am Wasser gepflanzet und am Bach gewurzelt". So auch übertragen z. B. Col. 2, 7: „Und seid gewurzelt und erbauet in ihm [Christo]". Vgl. noch Räuber IV 4: „Da hat mich's angewurzelt, daß ich nicht fliehen kann".

V. 30: In des Atems Flammenwind.

Wiederum eine unschöne Uebertreibung im Ausdruck.

V. 32—33: Wilder flutet zum beklommenen Herzen
Wie Gewappnete zur Schlacht das Blut.

Viehoff wirft die Frage auf, ob wie hier gleich als stehe, wie bei Klopstock, Die frühen Gräber: „Des Maies Erwachen ist nur schöner noch wie die Sommernacht“. Ich glaube das nicht. Der Sinn ist: das Blut flutet wilder zum Herzen als gewöhnlich, wie Gewappneten das Herz lauter pocht, wenn sie zur Schlacht gehen, als sonst.

V. 34—36:

Die Natur, der Endlichkeit vergessen,
Wagt's, mit höhern Wesen sich zu messen,
Schwindelt — ob der acherontschen Flut.

Die Stelle und die folgenden Verse bedeuten wohl, daß im Taumel der Liebe der Dichter des Körpers vergißt und seelige geistige Wollust genießt. In dem Augenblicke liegt sein ganzes Leben, er vergißt alles andere um sich herum, er stirbt für die Welt ab, achtet selbst des Todes nicht und träumt, jenseits des Acheron mit Aufopferung alles sonstigen Lebens in dem einen Lustgefühle ewig ausdauern zu können. Aber ach, es ist ein leerer Traum gewesen. Der Mensch ist ein Sohn der Zeit, die nie rastet, die kurze Elysiumssekunde eilt vorüber und über ihrer Wonne schlagen schon die Strudel der Vergessenheit. Viehoff vergleicht mit unsrer Stelle mit Recht Geheimnis der Reminiscenz 121 ff.: „Und wir beide, näher schon den Göttern, Auf der Wonne gähe Spitze klettern, Mit den Leibern sich die Geister zanken, Und der Endlichkeit despot'sche Schranken Sterbend überschwanken“. Der Sinn beider Stellen ist also wohl, in der Seligkeit des Liebesgenusses vergißt man Zeit und Welt und glaubt sich im Reiche der ewigen Seligkeit, — aber der Glaube ist nur ein kurzer Göttertraum“. Vgl. auch zu unsrer Stelle An die Parzen 53 ff.: „Wenn Göttin itzt an Laurens Mund beschworen. Mein Geist aus seiner Hülse springt, Verraten, ob des Totenreiches Thoren Mein junges Leben schwindelnd hängt, Laß ins Unendliche den Faden wallen, Er wallet durch ein Paradies, Dann, Göttin, laß die böse Scheere fallen! O, laß sie fallen Lachesis"!

Noch im Briefe vom 27. Mai 1793 an Körner [Jonas 658] nennt Schiller unser Gedicht eins der fehlerfreiesten unter seinen Jugendgedichten. Später hat er doch wohl anders geurteilt, da er in seine Gedichtsammlung vom Jahre 1803 nur die ersten vier Strophen aufnahm.

23.

Spinoza.

[Gödeke I 226; Bellermann IX 52.]

Schiller nennt das Epigramm in der Kritik der Anthologie treffend und gut. Bellermann bemerkt zur Erklärung: „Die kleinen Geister, die ihn [Spinoza] bekämpfen, weil sie seine Größe nicht begreifen, benutzen doch manche seiner Gedanken". Mich befriedigt diese Erklärung nicht völlig. Ich suche nach einem bestimmten Anlaß zu dem Epigramm, und glaube, daß Schiller an bestimmte Verkleinrer Spinozas dachte, die ihn herabzogen und sich dann mit seinen Federn schmückten. Aber ich weiß weder einen Anlaß noch bestimmte Personen zu sagen, gegen die sich etwa das Epigramm richten mag. In meiner Not wandte ich mich an Wilhelm Dilthey. Er erwiderte mir gütigst: „Ich glaube in der That nicht, daß die Stelle auf einzelne Personen geht. In der ganzen Leibnizschen und Wolfischen Schule wurden ja Gedanken von Spinoza benutzt und dieser selbst als Atheist verurteilt. Das wußte Schiller schon von seinem Unterricht bei Abel her. Es war also wohl nur eine Illustration des von ihm öfters geäußerten Gedankens, daß große Genies eben von denen, die sie schmähen, benutzt werden". So dankbar ich für die freundliche Erwiderung bin, ich vermute doch noch, daß irgend eine litterarischer Anlaß für dieses Epigramm aufzufinden sein wird.

12.

Die Kindesmörderin.

[Gödeke I 226; Bellermann I 23.]

Nach Kuno Fischers und Max Kochs Ausführungen ist kaum zweifelhaft, daß Schiller Sturz' Aufsatze „Ueber Linguets Verteidigung der Todesstrafen" einige Gedanken des Gedichts entnommen hatte. Das Thema ist im vorigen Jahrhundert unzähligemale von Dichtern behandelt worden. Vgl. Weltrich I 835. Die Tendenz des Gedichts war auch wohl, mitzuhelfen, „den grausamen Hohn und die stolze Sicherheit auszurotten, womit gemeiniglich die ungeprüfte aufrechtstehende Tugend auf die gefallene herunter blickt". Vgl. Verbrecher aus verlorner Ehre [Gödeke IV 64].

Die Situation ist auch in diesem Gedichte nicht klar und einheitlich. Man weiß nicht, zu wem und wo die Kindesmörderin spricht, wo sie die Briefe ihres ungetreuen Buhlen verbrennt. Vgl. Minor I 471, Weltrich I 534. Nach Bellermann ist das Gedicht ein Selbstgespräch auf dem Wege zum Richtplatz; Weltrich meint, die Kindesmörderin spreche abwechselnd zu ihren Begleitern und zu der schaulustigen Menge.

V. 1: Horch — die Glocken weinen dumpf zusammen.

Vgl. V. 43: „Und des Glockenturmes dumpfes Heulen"; Fiesko V 5: „Das wimmert vom Turm"; Das Lied von der

Glocke 176: „Hört ihr's wimmern hoch vom Turm?" ebenda 365: „Da zerret an der Glocken Strängen der Aufruhr, daß sie heulend schallt". An unsrer Stelle änderte Schiller später weinen in hallen.

V. 4: Grabgefährten, brecht zur Richtstatt auf!

Wer sind die Grabgefährten? Die Henkersknechte oder die schaulustige Menge, die sie begleiten oder andere, mit ihr zum Tode Verurteilte, die gleichzeitig hingerichtet werden sollen, in dem Sinne von Todesgenossen? Ich meine, es ist an die begleitende Menge zu denken.

V. 7: Deine Gifte, o sie schmeckten süße.

Vgl. Räuber, 2. Bearbeitung V 7: Amalie (sterbend im Blut): „Süße"!

V. 8: Wir sind quitt — du Herzvergifterin!

Ich büße deine herzvergiftenden Lüste mit Reue und Tod und bleibe dir keinen Dank schuldig. Vgl. Räuber, 2. Bearbeitung V, 7: „Wir sind quitt".

V. 13: Fahret wohl, ihr goldgewebten Träume,
Paradieseskinder, Phantasien.

In der Anthologie fehlt das Komma nach Paradieseskinder. Viehoff zieht die Möglichkeit in Erwägung, daß Paradieseskinder Genetiv sei: Phantasien, wie sie Paradieseskinder haben. Ich halte diese Deutung für beachtenswert; hält man Paradieseskinder und Phantasien für zwei Appositionen zu Träume, so wäre Phantasien ein gar zu mattes Wort. Am besten würde, glaube ich, passen: Paradieseskinder-Phantasien. An den Begriff Kinder schließt sich an: „Weh, sie starben schon im Morgenkeime".

V. 25: Weinet um mich, die ihr nie gefallen!

Vgl. Räuber, 2. Bearbeitung V 8: „Vater im Himmel! hier geb' ich sie dir wieder. Sie werden wärmer an dir hangen, als deine Niemalgefallenen!"

V. 29: Wehe, menschlich hat dies Herz empfunden.

Vgl. Räuber, 2. Bearbeitung V 7: „Was hab' ich gethan, ich unschuldiges Lamm? — Ich hab' diesen geliebt!" Ferner Faust I, Am Brunnen: „Doch — alles, was dazu mich trieb, Gott, war so gut, ach, war so lieb".

V. 30: Und Empfindung soll mein Richtschwert sein.

Bellermann erklärt richtig: „Und diese menschliche Empfindung ist die Ursache, daß ich nun gerichtet werde".

V. 38: Schlingt den Kuß, den sie entgegenbringt.

Eine Randbemerkung in Boxbergers Handexemplar des Viehoffschen Kommentars verweist auf Schillers Brief vom 14. April 1783 an Reinwald [Jonas 65]: „Der ewige innere Hang, in das Nebengeschöpf überzugehen, oder dasselbe in sich hineinzuschlingen, es anzureißen, ist Liebe. Und sind nicht alle Erscheinungen der Freundschaft und Liebe — vom sanften Händedruck und Kuß bis zur innigsten Umarmung — so viele Aeußerungen eines zur Vermischung strebenden Wesens"?

V. 41: Joseph, Joseph! Auf entfernte Meilen.

Vgl. Philos. Briefe (Theosophie des Julius, Aufopferung): „auf entfernte Jahrhunderte". Düntzer sagt, der Name Joseph sei wenig bezeichnend. Man könnte auf Joseph Clavigo verweisen. Aber muß denn hier ein besonders bezeichnender Name gesucht werden?

V. 47: Bohr' es plötzlich eine Höllenwunde.

Daß des Glockenturmes Heulen eine Höllenwunde in der Wollust Rosenbild bohre, ist wieder eins der verschwommenen, pomphaft ausgeschmückten Bilder des jungen Schiller.

V. 52: Nicht was Löw' und Tiger milden kann?

Zur Form milden vgl. zu Nr. 4, 29. Schiller setzte später dafür schmelzen, was mir keine Besserung zu sein scheint.

V. 53: Seine Segel fliegen stolz vom Lande.

Viehoff bemerkt: „Seine Segel mit kühner Uebertragung für: das Schiff". Diese Uebertragung scheint mir gar nicht kühn; kühner ist, daß für den allgemeinen Gedanken: herzlos zieht er von dannen, das spezielle Bild der Reise zur See eingesetzt wird, ohne daß im Gedicht sonst irgendwo die Lage des Ortes an der See erwähnt worden ist.

V. 90 u. 91: Jage dir der grimme Schatten nach,
Mög' mit kalten Armen dich ereilen u. s. w.

Boxberger verweist in einer Randbemerkung auf Cabale und Liebe V 8: „Eine Gestalt, wie diese, ziehe den Vorhang von deinem Bette, wenn du schläfst, und gebe dir ihre eiskalte Hand. — Eine Gestalt, wie diese, stehe vor deiner Seele, wenn du stirbst, und dränge dein letztes Gebet weg. — Eine Gestalt, wie diese, stehe auf deinem Grabe, wenn du auferstehst — und neben Gott, wenn er dich richtet"!

25.

In einer Bataille von einem Offizier.

[Gödeke I 231; Bellermann I 27.]

Das Gedicht klingt so wahr, als läge die Erzählung eines Mitkämpfers zugrunde. Aber eine bestimmte Quelle ist nicht nachweisbar. Daß gerade ein Offizier der Schildernde ist, geht nur aus der Ueberschrift hervor. Bei der Uebernahme in die Sammlung seiner Gedichte gab Schiller dem Gedicht die kürzere und allgemeinere Ueberschrift: Die Schlacht.

V. 3: Durch die grüne Ebne schwankt der Marsch.

Alle schwerfälligen Massen in Bewegung machen den Eindruck des Schwankens. Möglich ist auch, daß die schwüle ängstliche Stimmung der Soldaten beim Gang in den Kampf durch das Wort Schwanken mit angedeutet werden soll. Die Massen rücken schwerfällig und in düstrer Stimmung heran, winden sich in langem Zuge durch die grüne Ebene, langsam und in unsicheren Gedanken. Düntzer sagt: „Schwanken, von der Bewegung hin und her". Ich verstehe nicht recht, was er meint. Ein Hinundhermarschieren findet beim Anmarsche nicht statt. Anders ist es V. 56: „Hierher, dorthin schwankt die Schlacht". Hier drückt freilich der Begriff des Schwankens nur den lokalen Wechsel der Zusammenstöße beider Heere aus.

V. 6: Blicke kriechen niederwärts.

Vgl. Fiesko (Bühnenbearbeitung) V 6: „Alle Augen kriechen am Boden".

V. 7: An die Rippen pocht das Männerherz.

Vgl. Räuber V 1: „Euer eigenes Herz, das bei diesen Beweisen ängstlich bebend wider eure Rippen schlägt, straft euch Lügen".

V. 11: Und Regimenter fesselt das starre Kommando.

Wallensteins Tod 1897 heißt der Befehl eisern; eben weil das Kommando die Soldaten gewissermaßen der freien Bewegung beraubt, sie erstarren läßt oder fesselt, kann es selbst starr oder eisern genannt werden, wie man von starrer Kälte spricht, weil sie alles erstarren läßt.

V. 17: Gott mit euch, Weib und Kinder.

Vgl. Cabale und Liebe II 2: „Noch am Stadtthor drehten sie sich um und schrieen: Gott mit euch, Weib und Kinder"!

V. 22: Und braust durch Mark und Bein.

Mark und Bein ist biblisch. Vgl. Ebräerbrief 4, 12. Vgl. auch Klopstock, Heinrich der Vogler, 24: „Dann jauchzen wir im Siegesgeschrei! Das geht durch Mark und Bein".

V. 25: Schon fleugt es fort wie Wetterleucht.

Das Blitzen der Schüsse fleugt fort wie Wetterleuchten. Das Wort [der?] Wetterleucht ist wohl nach Analogie von der Strahl, der Blitz gebildet. Vgl. Räuber II 3: „Wir wollen — auf ihre Köpfe herabfeuren wie Wetterleuchten". Auffallend ist die unmittelbare Folge von Wetterleucht und Donnern, während Wetterleuchten doch sonst gerade ein Geblitze bedeutet, das so fern ist, daß man den Donner nicht hört. Schiller braucht diese Verbindung aber auch sonst und gebraucht Wetterleuchten eben als ein Synonymon von Blitz. Vgl. Ueber das gegenwärtige teutsche Theater [Gödeke II 345]: „Von Empfindung zum Ausdruck der Empfindung herrscht eben die schnelle und ewig bestimmte Succession, als von Wetterleuchten zu Donnerschlag".

V. 31: schon wogt sich der Kampf.

Düntzer meint, sich wogen stehe im Sinne von sich schaukeln, indem der Kampf von beiden Seiten betrieben werde. Ich glaube, sich wogen heißt hier soviel wie sich erregen, sich in Wogen auftürmen, sich zu Wogen erheben. Der Sinn ist also: nach der Schwüle des Marsches zur Schlacht, bricht jetzt der Sturm des Kampfes los. Vgl. ferner Goethe, Prometheus 2. Akt: „Blut rieselt sich von meinem Haupte."

V. 39: Auf Vormanns Rumpfe springt der Hintermann.

Düntzer nimmt Rumpfe als Dativ, Gödeke [Archiv f. Litteraturgesch. VIII 109] als Akkusativ Pluralis. Ich ziehe die Gödekesche Deutung vor, aber störend ist der Plural hier doch, und die gewöhnliche Pluralform heißt auch Rümpfe. Vgl. Haller, Die Alpen 451. Könnte man annehmen, daß Schiller neben der Rumpf auch eine Form die Rumpfe oder das Rumpfe gekannt habe, so wäre das die leichteste Lösung.

V. 40: Verwüstung rechts und links und um und um.

Vgl. Der Abend 43: „Ihn überschwemmet um und um"; Die Zerstörung Trojas 81: „sammelt um und um die wilde Jugend sich"; Wieland, Das Urteil des Paris 570: „So um und um mit Grazien umhangen"; ferner Schiller, Der Jüngling und der Greis [Gödeke II 392]: „und um und um Regionen blühten". Der Ausdruck ist biblisch. Vgl. Jer. 46, 5: „Schrecken ist um und um!" Conz, Hohenstaufen 25: „Ist mir nicht so um und um Alles wie ein Heiligtum?"

V. 43: Schwarz brütet auf dem Heer die Nacht.

Vgl. Schiller, Recension der deutschen Aeneis von Stäudlin zu Vers I 89 Ponto nox incubat atra: „Warum nicht das nachdrückliche Wort? Die Nacht liegt brütend über dem Meere". [Minor aus dem Schiller-Archiv 77. Bellermann XIII 176.]

V. 54 u. 55: wo die Kanone sich Heischer speit, stürz' ich Verlaß'ner hinein.

Schiller änderte in der Sammlung seiner Gedichte später: „wo die Kugelsaat Regnet". Vgl. Gleim, Siegeslied nach der Schlacht bei Lowositz 99: „Die Hunde regnen Kugelsaat".

V. 60: Horch! was strampft im Galopp vorbei?

Vgl. Der hypochondrische Pluto 63: „Und durch die Lüfte strampft der Rapp"; Morgenphantasie 23: „Laut wiehern und schnauben und knirschen und strampfen die Rosse"; Fiesko III 2: „gleich soviel strampfenden Rossen". Schon Adelung verweist auf Hiob 39, 21: „Es strampfet auf den Boden und ist freudig mit Kraft".

26.

Grabschrift.

[Gödeke I 233; Bellermann IX 52.]

Das kurze Epigramm ist schwer zu deuten:
Hier liegt ein Mann, er starb zu früh
Für alle guten Christen;
Für Totengräber starb er spät,
Zu spät für Journalisten.

Weltrich [I 521] hat das Verdienst, zuerst eine Deutung versucht zu haben: „Hier liegt ein Mann, dessen vorzeitiger Tod die Journalisten von einem Gegner befreit, ihnen somit Vorteil gebracht hat. Als der Gegner aber, welcher lange genug lebte, um die Schar Stäudlins [die Journalisten] zu bekämpfen, wäre kein andrer gedacht als Schiller". Gegen diese Deutung spricht nach meiner Empfindung, daß sie schwerlich von den Lesern der Anthologie erraten werden konnte. Eine zweite, meines Erachtens ganz verfehlte Deutung hat Ernst Müller in seinem Buche „Schillers Jugenddichtung und Jugendleben" aufgestellt: die Grabschrift kennzeichne Stäudlins Grab, der zu spät sterbe, weil er als Frömmler gar nicht zum Journalisten passe. Diese Deutung geht aus sprachlichen Gründen nicht an, und sie trifft sachlich nicht zu, da Stäudlin gar nicht ein Frömmler war. Eine dritte Deutung endlich hat Rudolf Krauß im Euphorion IV 98 gegeben: die Grabschrift gelte irgend einem beliebigen, dessen Tod gute Christen nach Christenart mit Mitleid beklagen, der Totengräber hätte gern früher an dem Toten verdient und noch mehr hätten die Journalisten auf seinen Tod gelauert, um ihm den Nekrolog schreiben zu können. Diese Deutung nimmt Bellermann als die richtige an. Weltrich [I 834] weist sie kurz mit den Worten ab, sie trage ihre Widerlegung in sich selbst. Das verstehe ich nicht, aber völlig thut Krauß' Deutung auch mir nicht Genüge. Ich verstehe die Steigerung nicht, warum der beliebige Tote für den Totengräber spät, für den Journalisten zu spät gestorben ist, da der Totengräber wie der Journalist an ihm verdienen wollten. Oder ist keine Steigerung anzunehmen und soll das „spät" auch „zu spät" bedeuten? Und besonders vermisse ich eine persönliche Beziehung. Sollte der Hieb vielleicht doch auf Stäudlin gehen, auf sein Lobgedicht des verewigten Hallers, das er den Ratsherren der Stadt Bern gewidmet hatte? Nach Weltrich I 485 meldete das Schwäbische Magazin vom Jahre 1780 auf S. 248: „Der Rat in Bern hat Hr. Stäudlin wegen seinem Haller fürstlich belohnt und wand abermals dem jungen feurigen Dichter den Lorbeer um die Schläfe". So wäre das Epigramm eine Xenie an Stäudlin, die seinen Ehrgeiz, sich „aufzuschwingen zu der Strahlenhöhe des deutschen Bardenchors", geißelte, den Schiller schon in der Rezension der „Proben einer deutschen Aeneis" [Bellermann XIII 179] verspottet hatte. Aber diese Deutung, die im wesentlichen ja auf die von Krauß zurückgeht, ist freilich auch unsicher. Die Grabschrift wäre dann also eine Grabschrift auf Haller. Er starb spät für den Totengräber, zu spät für den schon auf seinen Tod lauernden Journalisten, der vielleicht gar das Gedicht schon im voraus gemacht hatte.

27.

An die Parzen.

[Gödeke I 234; Bellermann IX 53.]

Zum Inhalt vgl. Weltrich I 466.

V. 2: Wo Stutzerwitz sich wunderherrlich spreißt.

Schiller braucht dieselbe Form Spreißt in der Winternacht 30.

V. 4: Die Tugend junger Schönen reißt.

Eine Randbemerkung Boxbergers verweist auf die berühmte Frau 105: Wo [in Karlsbad] zerriss'ne Tugenden von ihren Wunden heilen".

V. 14: Die kühnlich Phöbus' Strahlen trinkt.

Vgl. Melancholie an Laura 14: Strahlenquelle; und ferner Maria Stuart 2032: „trinken die freie, die himmlische Luft"; Lied an die Freude 27: „Freude trinken alle Wesen An den Brüsten der Natur"; Der Spaziergang 11: „Und den durstigen Blick labt das energische Licht". Vgl. Goethe, Der Schatzgräber 33: „Trinke Mut des reinen Lebens"; Faust I (Faust und Wagner): „Doch scheint die Göttin endlich wegzusinken; Allein der neue Trieb erwacht, Ich eile fort, ihr ew'ges Licht zu trinken".

Phöbus' Strahlen heißt an unsrer Stelle wohl das Licht der göttlichen Wahrheit; hinter der Gardinen list'gem Schleier überrascht man auch Philosophen, die sonst kühn der großen Göttin Weisheit mit dem Sonnenblick sich weihen, hier aber der sinnlichen Wollust erliegen. Dazu vgl. Der Triumph der Liebe 162 und zum Ausdruck wieder Elegie auf Weckerlin 131: „Wahrheit schlürft dein hochentzückter Geist".

V. 17: Zu dir — zu dir, du einsames Geschwister.

Geschwister als Neutrum Singularis findet sich auch bei Lessing, Nathan I 2: „Warum hätte Saladin, der sein Geschwister insgesamt so liebt, In jüngern Jahren einen Bruder nicht Noch ganz besonders lieben können?" Lieder Sineds, Viertes Vaterlandslied 42: „Sein froh Geschwister scherzt und spielt um sie"; Goethe, An Friederike 7: „Daß mein geliebt Geschwister erwachen soll". In dem Sinn „Geschwisterpaar" ist es wohl sehr selten. Grimms Wörterbuch citiert es aus Logau von den beiden Brüsten.

V. 18: Euch Töchtern des Geschickes.

Bei Plato Rep. X 617 D heißen die Parzen Töchter der Notwendigkeit.

V. 29: Daß du auch mir den Lebensfaden spinntest.

Schwache Imperfektformen statt der starken finden sich bei Schiller mehrfach, z. B. Brutus und Cäsar 11: „lügten“; Verbrecher aus verlorner Ehre [Gödeke IV 68]: „pfeifte“; ebenda [Gödeke V 74]: „rufte“; Abfall der Niederlande [Gödeke VII 13]: „gedeihte“; Die Götter Griechenlands 84: „klimmten“; Wundersame Historia 88: „schwörten“; Don Carlos IV 19 (V. 4189): „zeihte“ Geisterseher I [Gödeke IV 242]: „ausbedingte“. An unsrer Stelle hat wohl der Reim die ungewöhnliche Form veranlaßt.

V. 45: Dies Klotho und noch andre Lügen.

Lügen heißt hier wohl nur soviel wie falsches Gerede.

V. 49:

Nur laß an Rosen nie die Todesschere klirren,
An Dornen nur — doch wie du willst.
Laß, wann du willst, die Totenschere klirren,
Wenn du dies eine nur erfüllst.
Wenn, Göttin, itzt an Lauras Mund beschworen,
Mein Geist aus seiner Hülse springt,
Verraten, ob des Totenreiches Thoren
Mein junges Leben schwindelnd hängt,
Laß ins Unendliche den Faden wallen,
Er wallet durch ein Paradies,
Dann; Göttin, laß die böse Schere fallen:
O laß sie fallen, Lachesis!

Viehoff erklärt: „dann laß die Todesschere müßig sinken, schneide den Lebensfaden nicht ab“. Ich verstehe die Strophen gerade umgekehrt: Schneide nicht die Rosen meines Lebens, nur die Dornen ab — doch wie du willst; nur dies eine erfülle mir. Gerade wenn ich, an Lauras Mund beschworen, die höchste Seligkeit genieße, laß den Lebensfaden ns Unendliche wallen, und daß ich diese Wonne voll auskoste, dann laß die böse Schere zufallen, dann habe ich genossen das irdische Glück, habe gelebt und geliebet. Wann ich auf dem Gipfel des Lebens stehe, dann schneide den Faden ab, daß ich in Paradieseswonne in das Todesreich hinüberwalle.

28.

Der Triumph der Liebe.

[Gödeke I 236; Bellermann I 29.]

V. 8: Stimmen Dichter ein.

Die Deutungen Viehoffs: „melden übereinstimmend die Dichter" oder: „In diese Behauptung [daß Liebe die Erde zum Himmel mache] stimmen auch Dichter ein, welche melden", scheinen mir nicht genügend. Ich glaube, „stimmen ein" heißt hier soviel wie anstimmen, singen: sie stimmen ein zur begleitenden Lyra. Vgl. Klopstock, Meff. VII 2: „Er sang in die mächtige Harfe". Meff. XX 4: „Und er sang in die Lispel der goldenen Harfe"; Das Eleusische Fest 173: „Fallen die Kamönen ein".

V. 29 u. 30: Wild umirrten sie die Haine
Unter Lunas Nebelscheine.

Vgl. Leichenphantasie 4: „Nebelwolken trauern": Cronegk, Lobgesang der Liebe 35: „Als irrend durch den Hain das erste Volk der Erden Noch ungesittet lief und schüchtern, wie das Wild". Auf diesen Lobgesang verwies mich eine Randbemerkung Borbergers. Er geht ebenfalls auf das Pervigilium Veneris zurück, wie Bürgers Nachtfeier der

Venus. Die Worte cras amet, qui numquam amavit, quique amavit, cras amet sind hier übersetzt:

„Was sonsten nie geliebt, das müsse heute lieben,
Es liebe wiederum, was sonsten schon geliebt“.

Auch sonst bietet Cronegks Gedicht noch manches Aehnliche mit Stellen unsres Gedichts und der Bürgerschen Nachtfeier der Venus.

V. 32: Daß der Ausdruck „Sternenbühne“, der sich auch im Gedicht „Die Künstler“ wiederfindet, schon von Haller in den „Morgengedanken“ gebraucht worden ist, ist von Düntzer und sonst oft hervorgehoben worden. Günther hat in seiner Cantate, Die beständige Liebe, den Ausdruck „gestirnte Bühnen“.

V. 47: Des holden Tages Auge lacht.

Vgl. Denis, Die Lieder Sineds, des Barden, Theresia, die Mutter 25: „Wie das Aug' des Tages, Auf der hellen Quelle Seine Schimmer sieht“; ebenda, drittes Vaterlandslied 19: „Wie sich des Tages hellflammendes Riesenaug' Rastlos blaulichte Fernen durchwälzt“; ebenda, Sineds Morgenlied 1: „Harfe, steig' nieder. Der Tag erwachet. Sein Aug' blicket aus Osten auf dich“; ebenda heißt im Urlaub von der sichtbaren Welt 57 der Mond „sanftes Aug' der Nacht“.

V. 176: Suchten auch die Geister Ohne sie den Meister?

Suchten auch die Seelen ohne die Liebe den Vater der Natur? Vgl. Weltrich I 457.

29.

Klopstock und Wieland.

[Gödeke I 243; Bellermann IX 54.]

Das Gedicht, das einzige, das die Chiffre A. trägt, ist wahrscheinlich von Schiller gedichtet. Daß Schiller namentlich nach dem Austritt aus der Karlsschule schnell dem Einflusse Klopstocks entwuchs und wahrscheinlich nicht zum wenigsten durch ein weiteres Eindringen in Wielands Werke, ist wohl als gewiß zu betrachten. Leider ist aber im einzelnen über Wielands Einfluß auf ihn wenig bekannt. Vgl. Minor I 169, Weltrich I 238.

30.

Gespräch.

[Gödeke I 243; Bellermann IX 55.]

Ueber Doktor Sänftel war bisher noch nichts angemerkt. Gemeint ist Joh. Jos. Sanftl, der Leibarzt Maximilians III. Joseph von Bayern seit 1756 oder 1757, der am 30. Dezember 1777 an den Pocken starb. Man schrieb den tödlichen Ausgang der Krankheit seinem Leibarzt Sanftl (der Name wurde auch Sänftl, Senfftel, Senftel, Sänftel geschrieben) zu, der die Krankheit als unbedeutende Masern erachtete Der Fall machte damals großes Aufsehen. Es wurden in einem Tagebuch über die Krankheit die täglichen Krankenberichte nachträglich veröffentlicht und in „Vertrauten Briefen über eine ganz unerhörte und nachteilige Pockenkur, herausgegeben im 1778", die Leibärzte Sänftl und de Branca heftig angegriffen. Auch in Sturz' Schriften Leipzig 1779, 204 wird in dem Aufsatz „Ein Rangstreit" auf Sänftl mit den Worten hingewiesen: „Dennoch haben vernünftige Aerzte viel würdige Männer der Welt und ihren Freunden erhalten, oft das Wohl ganzer Reiche durch ein Pulver gerettet, und Senftel hätte durch eine Purganz die Ruhe von Deutschland befestigen können". Vgl. auch Allgem. deutsche Biographie XXI 30. Wer der Pariser „Herr Onkle" V. 5 ist, weiß ich nicht. Bellermann stellt die Vermutung auf, Schiller habe an Damiens gedacht; 's kann sein, aber es kann auch nicht sein. Ich weiß es nicht.

V. 8: Das macht, er hat euch 'n Diplom.

Gemeint ist wohl das Doktordiplom. Zu vergleichen ist das vermutlich nicht von Schiller herrührende Epigramm der Anthologie: Polizeiordnung.

Getrost! Itzt würzt das Pfuscherheer,
Mit Henkers Hand das Volk nicht mehr,
Das Mittel ist jetzt ausgedacht,
Daß man sie all' — zu Doktors macht.

Solche Doktordiplome, die ja gerade in jener Zeit auch die Karlsakademie auszustellen das Recht erhielt, scheinen in damaliger Zeit an einzelnen Universitäten besonders leichtfertig ausgestellt worden zu sein. So heißt es in den obengenannten Vertrauten Briefen über Sänftels Pockenkur S. 52: „Indessen soll er [der Leibarzt de Branca] doch eine Gattung von Diplom aus Montpellier mitgebracht haben, so wie man es für bares Geld daselbst insgemein erhält, wenn man einen schriftlichen Revers von sich giebt, daß man in Frankreich keine Praxis ausüben und bloß in anderen Ländern sein Mordhandwerk treiben wolle*)".

*) „Man lese die Erlanger Zeitung vom vorigen Jahre und alle mögliche Zeitungen nach, um einen Begriff von den hübschen Promotionen zu Montpellier und Greifswald zu bekommen.

31.

Vergleichung.

[Gödeke I 244; Bellermann IX 55.]

Das Gedicht ist rein sinnlich, ohne Ideengehalt. Weltrich I 530 nennt es „schlechterding grob, unflätig“. Es ist die Vergleichung einer unsittlichen Frau mit dem Monde.

V. 7: Auch sie gewohnt ihr Nachtgesicht zu malen.

Bellermann merkt an, gewohnt sei verbum finitum gleich pflegen, d. h. gewohnt sein. So bei Luther und auch später. Auch verweist er auf Schillers Macbethübersetzung 275: „Bis wir durch öfters Tragen sie [die fremden Kleider] gewohnen“. Vgl. auch Lessing, Der Tod eines Freundes: „noch ehe du dein Glücke wirst gewohnen“. Jesus Sirach 23, 19: „daß du nicht gewohnest der Narrheit“. Gellert, Das Füllen 14: „daß es den Zwang gewohnen soll“.

V. 9: Und das mag ihm Herodes danken!

Adelung erklärt die Redensart: dafür verdienst du Strafe und nicht Dank, wofür man auch wohl sagt, das danke dir ein anderer, das danke dir der Teufel. Er citiert eine mir nicht bekannte Stelle von Günther: „Herodes dank euch für dies Lied“. Wenn er hinzufügt: „ohne Zweifel als eine Anspielung auf das Verhalten Herodis nach der ihm von den Weisen aus dem Morgenlande überbrachten Nachricht“, so gestehe ich, diese Anspielung nicht zu verstehen. Da ist weder von Dank, noch von Strafe die Rede. Herodes zürnt den Weisen nur, daß sie ihn betrogen haben. Sollte der Sinn nicht einfach sein, für Böses, für Werke der Finsternis dankt nur der Teufel oder ein menschlicher Teufel wie Herodes.

V. 19: Sie sieht sie an Herrn Ramler gerner.

Gödeke citiert schon Räuber, für die Bühne verbess. Auflage II 3: „Und gerner gestreuet hättest“; Räuber, 1. Aufl

IV 3: „Hab euch immer am gernsten gehabt"; Entschuldigung im ersten Heft der Rheinischen Thalia [Gödeke III 596]: „welche ich ungerner als jeden andern Aufsatz abreißen mochte".

32.

Die Rache der Musen.

[Gödeke I 244; Bellermann IX 56.]

Das Gedicht richtet sich gegen Ständlin und ist inhaltlich dem ersten Gedicht der Anthologie „Die Journalisten und Minos" verwandt. Schillers Autorschaft ist zweifellos und allgemein angenommen. Aber wenn Viehoff meint, der unreine Reim Springer — Sänger spreche stark für Schiller als Dichter, so wäre das in meinen Augen kein ernsthafter Grund. Schiller reimte unter den Schwaben nicht allein nach dem Ohre, und jeder der Mitarbeiter an der Anthologie hätte diesen Reim auch ohne Scheu gebraucht. Reimte doch sein Freund v. Hoven in seinem Gedicht „Ossians Sonnengesang" ähnlich: verschwinden — enden und Schöne — Miene. Im Schwäbischen reimen eben die Vokale i und e aufeinander.

V. 5: Junge Dinterleker schwärmen.

Schiller hat auch die Wörter „Dintenklecker" [Gödeke II 224] und „Dintenklekser" [Cabale und Liebe II 4].

V. 11—12: Nennen sich gar hohe Sänger, Barden ein'ge, denk!

Ständlin hatte in einem Gedicht: „Mein Wunsch an Petersen", dem Wunsche Ausdruck gegeben: „Mich aufzuschwingen zu den Strahlenhöhen des deutschen Bardenchors!" Schiller hatte darüber schon gespottet in seiner Recension des Ständlinschen Buches: Proben einer deutschen Aeneis nebst lyrischen Gedichten [Bellermann XIII 179]. Karl Reinhard hatte ferner in einer Epistel an Stäudlin ihn geradezu „den Barden" genannt. [Weltrich I 485.]

V. 17—18: Einer brüllt heraus vor allen,
Schreit: Ich führ das Heer.

Auch in seiner Recension des Schwäbischen Musenalmanachs nennt Schiller spöttisch den Herausgeber Stäudlin den Heerführer der schwäbischen Musen [Gödeke II 377; Bellermann XIII 202].

V. 26: Da sei Zeus dafür.

Götz von Berlichingen II [Adelheids] Zimmer: „Wir wollen dafür sein". Goethe, Stella III 1: „Da sei Gott für"; Piccolomini 1273: „Da sei Gott für".

V. 45: Red und That.

Pegasus im Joche: „Gesagt, gethan".

V. 51—52: Etwas will ich daran glauben, Alles glaub ich nie.

„Daran" möchte ich für einen Druckfehler halten für „davon".

Vgl. zum Wortlaut: Lessing, Auf den Mnemon 8: „Zwar glaub ich alles nicht: ich glaub indessen ..."

33.

Das Glück und die Weisheit.

[Gödeke I 247; Bellermann I 34.]

Weltrich I 529 weist mit Recht darauf hin, daß schon in diesem Gedicht der Gegensatz zwischen dem Sinnenglück und dem Seelenfrieden vorgebildet sei. Die Weisheit ist hier, wie auch schon von früheren Erklärern hervorgehoben ist, die ethische Lebensauffassung, in der der tüchtige Mensch das Glück nicht wie die Thoren draußen sucht, sondern es in sich ewig hervorbringt.

V. 10: In deinen Schoß will ich sie gießen.

Das Wort „sie" bezeichnet nicht das nächste Wort, auf das es grammatisch zu beziehen ist, die Freundschaft, sondern das freilich weit zurück liegende, in V. 3 genannte Wort: meine Schätze.

34.

An einen Moralisten.

Fragment.

[Gödeke I 248; Bellermann I 35.]

Mir ist nicht klar, warum das in sich geschlossene Gedicht von Schiller in der ersten Fassung Fragment genannt ist. In der zweiten Fassung in der Sammlung der Gedichte ist es von zwölf Strophen auf sechs Strophen zusammengezogen, und trotzdem der Zusatz „Fragment" fortgelassen. Der Inhalt ist Wielandschen Geistes. Vgl. Minor I 450.

V. 7: Die Armut ist, nach dem Äsop, der Schätze Verdächtge Verächterin.

Vorberger bezieht das Wort auf die äsopische Fabel vom Fuchs und den Trauben in Hallers Fassung. Ich glaube, das fabula docet in Äsops Fassung liegt näher: „diese Fabel bedeutet, daß ein weiser Mann sich bedünken lassen soll, er wolle und möge das nicht, was er nicht haben möge".

V. 13. 14: He, Seladon! wenn damals aus den Achsen gewichen wär' so Erd als Sonnenball.

Vgl. die sel'gen Augenblicke 25: „wie gehoben aus den Achsen zwei Gestirne"!

V. 15: Im Wirbelsturm mit Julien verwachsen.

Die spätere Fassung liest: Im Liebesknäul. Die Änderung erscheint mir nicht als Besserung. Düntzer sagt zu dem Ausdruck: „etwas übertrieben von der Umschlingung der Liebenden". Ich halte ihn für unschön.

V. 46: Was ewig nie dem Erdensohn gelingt.

Erdensohn brauchte Schiller gern. Vgl. Triumph der Liebe 78: „Niedert sich dem Erdensohne"; Räuber IV 4: „wo Karl herrscht, darf kein Erdensohn nisten"; an Körner 7 [Gödeke IV 6]: Wie der Erdensöhne keiner"; Lied an die Glocke 37: „Was unten tief dem Erdensohne". Auch Wieland braucht das Wort oft, wie auch Erdentöchter.

V. 50. 51: Er wehrt mir, daß ich Engel werde;
Ich will ihm folgen, Mensch zu sein.

Vgl. Wieland, Der goldne Spiegel I, 4: „O meine Kinder! welche Lust, welches angenehme Gefühl sollte ich euch versagen? Keines, gewiß keines, das euch die Natur zugedacht hat. Ungleich den schwülstigen Afterweisen, welche den Menschen zerstören wollen, um — eitles, lächerliches Bestreben! — einen Gott aus seinen Trümmern hervorzuziehen".

35.

Grabschrift eines gewissen — Physiognomen.

[Gödeke I 250; Bellermann IX 58.]

Nach Friedrich v. Hovens Selbstbiographie [Nürnberg 1840 S. 60] hatte Lavater die Karlsschule besucht Die Schüler glaubten anfangs an seine neue Wissenschaft der

Physiognomik. Allein sie wurden bald an ihr irre, als Lavater in der Physiognomie eines Mitschülers, den sie alle als einen sehr guten Menschen kannten, etwas Heimtückisches zu bemerken glaubte. In seiner Abhandlung über den Zusammenhang der tierischen Natur mit seiner geistigen [Gödeke I 171] zeigt Schiller auch seine Bekanntschaft mit Lavaters Physiognomik: „Eine Physiognomik organischer Teile, z. B. der Figur und Größe der Nase, der Augen, des Mundes, der Ohren u. s. w., der Farbe der Haare, der Höhe des Halses u. s. f. ist vielleicht nicht unmöglich, dürfte aber wohl so bald nicht erscheinen, wenn auch Lavater noch durch zehn Quartbände schwärmen sollte. Wer die launigten Spiele der Natur unter Klassen bringen wollte, würde mehr wagen, als Linné, und dürfte sich sehr in Acht nehmen, daß er über der ungeheuren kurzweiligen Mannigfaltigkeit der ihm vorkommenden Originale nicht selbst eines werde".

36.

Eine Leichenphantasie.

[Gödeke I 106; Bellermann I 12.]

V. 1 u. 2: Mit erstorbnem Scheinen, Steht der Mond auf totenstillen Hainen.

Das jetzt veraltete Wort „ersterben" war im vorigen Jahrhundert noch sehr gebräuchlich. Es findet sich auch mehrfach in der Bibel. Vgl. bei Schiller, Morgenphantasie 39: „Die erstorbene Welt"; an Minna 43: „Morgen ist sein [des Gesichts] Glanz erstorben"; Melancholie 68: „Bleich erstorben deinen süßen Mund".

Vgl. nach einer Randbemerkung Boxbergers: Cronegk, Günthers Schatten 1:

„Schon warf der stille Mond mit ruhig blassem Scheine
Sein melancholisch Licht auf schauervolle Haine“.

V. 3: Seufzend streicht der Nachtgeist durch die Luft.

Nach Adelung ist Nachtgeist ein Geist, der in der Nacht in körperlicher Gestalt erscheint, ein Gespenst. So kommen auch in Ossians Gedichten nach der von Haroldschen Uebersetzung [Düsseldorf 1775] häufig die Toten als Geister der Nacht vor, die wie halberloschene Luftbilder oder Nebelgestalten erscheinen. Daneben aber erwähnt die genannte Uebersetzung mehrfach den Nachtgeist als Personifikation der Nacht, die über die Winde gebeut. Vgl. I 162 [der Krieg von Caros]: „Er [Caros] erblickt dich schreckbar, wie der Nachtgeist, der gegen seine Schiffe die Wogen heranwälzt“; II 225 [Die Schlacht von Lora]: „Erragon umringt sein Volk, wie Stürme den Nachtgeist, wenn er sie von Morvens Gipfel beruft und an fremde Gebiete zu stürzen gedenkt“; III 150 [Temora, sechstes Buch]: „Er war schreckbar wie die Bildung des Nachtgeistes, wenn er auf seinen Hügeln seine wilden Gebärden mit Nebel bekleidet und, stürzend voran auf dem brausenden Meer, den Wagen der Winde besteigt“. In diesem Sinne fasse ich auch hier das Wort Nachtgeist, nicht der Geist eines verstorbenen Menschen, sondern die Nacht selbst als lebendiger Geist seufzt schaurig im Winde.

V. 5 u. 6: Sterne trauern bleich herab, wie Lampen in der Gruft.

Vgl. Klopstock, Messias XV 870 u. 871: „An der Hütte fernem Eingang Nährt' er ein wenig Schimmer, wie Totenlampen in Gräbern“; Wieland, Der goldne Spiegel I 4: „Und sein Urteil von dem Wert der Dinge verhält sich zum Urteil eines Gesunden, wie Sonnenschein zum düstern Schein der sterbenden Lampe in einer Totengruft“.

V. 10: Gleich Gespenstern, stumm und hohl und hager.

Düntzer vergleicht zutreffend Venuswagen 121: „Hohl und hager, wandelnde Gerippe“; vgl. ferner: In einer Bataille 8: „Vorüber an hohlen Totengesichtern“; Räuber IV 1: „Weg hohler, grasser, zuckender Todesblick“; Fiesko IV 11: „wie Gespenster, hohl und verzerrt“; Wallensteins Tod 3148: „Mit bleichen, hohlen Geisterbildern“.

V. 14: Zitternd an der Krücke rc. rc.

Schon Düntzer hat auf Goethe, Werthers Leiden [Hempel XIV 115] hingewiesen: „Wer auf seinem Stabe ist das?“ rc. rc.

V. 17: Schwer geneckt vom eisernen Geschick.

Vgl. Ovid, Trist. V 3, 28: ferrea sors vitae difficilisque premit. Im Ausdrucke „geneckt“ soll wohl auf das grausam teuflische Wesen des Geschickes hingedeutet werden, das den Menschen mit Lust quält. Vgl. Cabale und Liebe III 6: „Höre Mensch! Du gingst beim Henker zur Schule. Wie verstündest du sonst, das Eisen erst langsam-bedächtlich an den knirschenden Gelenken hinaufzuführen und das zuckende Herz mit dem Streich der Erbarmung zu necken“?

V. 33: Wie aus Auroras Umarmung geschlüpft.

Vgl. Morgenphantasie 9 heißt's von der Sonne, daß sie jugendlich schön in Auroras Umarmungen glüht.

V. 41: Wie auf Gebirgen ein jugendlich Reh.

Vgl. Goethe; Werthers Leiden [Hempel XIV 115] in der Uebersetzung aus Ossian, wo auch sonst oft das Reh als Bild des jugendlich frischen Menschen gebraucht wird.

V. 47: [Stolz] Trat er vor Sklaven und Fürsten daher.

Vgl. Fiesko I 1: „Stolz und herrlich trat er daher“.

V. 55: Wenn einst die schlafenden Keime gereift.

Vgl. Räuber I 1: „Und wenn erst die prächtigen Keime zur vollen Reife erwachsen"!

V. 59: Nein doch, laß den Thränen ihren Lauf.

Räuber I 3: „Laß mich, laß mich! — meinen Thränen den Lauf lassen".

V. 63: Gramentbundner.

In Gerstenbergs Ugolino V steht das Simplex Entbundener für Toter. Vgl. oben V. 21: „gramgeschmolzen"; Brutus und Cassius V. 4: „gramgebeugt".

V. 66 u. 67: Horch, der Sarg versinkt mit dumpfigem Geschwanke,
Wimmernd schnurrt das Totenseil empor!

Vgl. Goethe, Werthers Leiden [Hempel XIV 120] in der Uebersetzung aus Ossian und Miller, Siegward [Archiv f. Littgesch. IV 495].

V. 68—71: Da wir trunken umeinander rollten,
Lippen schwiegen, nur das Auge sprach —
Haltet! haltet! da wir boshaft grollten —
Aber Thränen stürzten wärmer nach.

Viehoff, Düntzer und auch Bellermann, Weltrich [I 294] und Minor [I 18] fassen die Worte so, als kehrten die Erinnerungen des Dichters, während der Sarg versinkt, noch einmal zu den Tagen zurück, wo er mit dem Toten in Freundschaft verbunden war und, leider, auch manchmal mit ihm gegrollt habe. Da entringe sich ihm der Ausruf: „Haltet! haltet!", als wolle er den toten Freund noch einmal um Verzeihung bitten. Ich halte diese Auslegung für gezwungen und falsch und stelle folgende Deutung der Worte dagegen auf:

Der Sarg versinkt mit dumpfigem Geschwanke, während wir Leidtragende in trunkenem Schmerze uns stumm umarmten und nur unser Auge unsern Wunsch aussprach:

„Haltet! Nehmt den lieben Toten uns noch nicht", und während wir erbittert grollten, daß über dem Sarge schon die ersten Schollen Erde fallen und er uns so für immer entrissen wird — aber dem Schmerze und dem Groll folgen warme Thränen nach.

Zu dem Rufe Haltet! haltet! vgl. Goethe, Clavigo V 1; zu V. 71 vgl. ferner Haller, beim Absterben seiner geliebten Marianne: „Wie oft, wann ich dich innigst küßte, Erzitterte mein Herz und sprach: Wie! wann ich sie verlassen müßte! Und heimlich folgten Thränen nach".

Goethe hat einmal zu Eckermann geäußert (18. Januar 1825), daß Schiller ein gewisser Sinn für das Grausame angeklebt habe. Schon Kuno Fischer hat mit Recht darauf hingewiesen, daß dies auch für das Gedicht „Eine Leichenphantasie" zutreffe. Der Dichter rührt den Schmerz des hinterbliebenen Vaters mehr auf, als er ihn zu stillen sucht, und schließt mit der trostlosen Gewißheit: „Nimmer giebt das Grab zurück".

37.

Der hypochondrische Pluto.

Romanze.

[Gödeke I 251; Bellermann IX 59.]

Die bisherige Erklärung befriedigt mich noch nicht. Aber ich weiß nichts Bestimmtes hinzuzufügen. Weltrich sieht in diesem „burlesken Phantasiestück" eine Karikatur der Heilkunst und der Heilkünstler, des zopfigen Gelehrten, des modischen Charlatans, des mit gesundem Mutterwitz begabten Praktikus'. Ich suche nach bestimmten Anspielungen auf einen hypochondrischen Fürsten und auf damals bekannte Aerzte. Aber trotz des charakteristischen, individuellen Zuges für den Fürsten, daß, während er einmal auf Reisen gewesen, „seine Philosophen Pult und Katheder losgerissen und Türme eingeschmissen" hätten, weiß ich keine Deutung. Vielleicht weiß darnach ein Kundigerer eine bestimmte Beziehung nachzuweisen. Der Ton der sogenannten Romanze erinnert an Bürgersche Balladen.

V. 101 ist bei Gödeke ein Druckfehler. Es muß heißen: von Hof und Haus.

38.

Aktäon.

[Gödeke I 258; Bellermann IX 65.]

Als Epigramm eins der vollendetsten, wo der Aufschluß in der That überraschend und witzig ist:

„Entsetzlich, mich im Bad zu überraschen —
Und mir nichts dir nichts wegzufliehn."

39.

Zuversicht der Unsterblichkeit.

[Gödeke I 258; Bellermann IX 66.]

Die Leiche eines Schurken überzeugt den Dichter von der Wahrheit der Unsterblichkeit, die ihn die Weisen bloß ahnen ließen. Der Gedanke ist also wohl: die Guten tragen hier schon ihren Lohn in sich, sie bedürfen kaum noch eines Lohnes in der Ewigkeit, aber das Böse schreit nach Rache und Strafe: „Es lebt ein Gott, zu strafen und zu rächen".

40.

Vorwurf an Laura.

[Gödeke I 259; Bellermann IX 66.]

Der Inhalt des Gedichtes ist nah verwandt dem des Goetheschen Liedes: Neue Liebe, neues Leben.

„Weg ist alles was du liebtest,
Weg warum du dich betrübtest,
Weg dein Fleiß und deine Ruh,
Ach, wie kamst du nur dazu?"

Die Parallele ist interessant, um den Unterschied der naiven Poesie des jungen Goethe und der sentimentalen des jungen Schiller zu erkennen. Dort die reinste Natürlichkeit, hier bombastischer Wortschwall und geschraubte Reflexion. Dort ein Meisterwerk, hier ein unreifes, überspanntes Jugendgedicht, gärend und unklar, groß gedacht, aber wie in Fieberhitze gedichtet.

V. 1: Wohin mit mir, du Lose?

„Dir" bei Gödeke ist Druckfehler.

V. 9: Narrenteidigst in des Helden Raub.

- Das Hauptwort Narrenteidinge ist biblisch. Epheser 5,4.

V. 25: Hüpft der Heldin noch dies Herz entgegen?

Daß die Heldin die Sonne ist, wie Kuno Fischer anmerkt, bedarf meines Erachtens keines Wortes. Wer sollte das Wort anders deuten?

V. 42: Freundlos irr' ich und allein.

Bellermann verweist auf das Lied von der Glocke: „Er irrt allein — er flieht der Brüder wilden Reihn".

V. 58—60: Kaum erbettelt itzt ein halbes Lächeln,
Was in Flammen jeden Sinn zufächeln,
Zu empören jede Kraft gewußt.

D. h. ein kaum nur halbes Lächeln Lauras bettelt mir die Ruhmsucht ab, die sonst jeden Sinn in Flammen zu fachen und jede Kraft zu empören gewußt hatte.

41.

Die Alten und die Neuen.

[Gödeke I 266; Bellermann IX 68.]

Schiller hat das andere mit C. unterzeichnete Epigramm: An den Galgen zu schreiben, in seiner Selbstkritik der Anthologie erwähnt; sonst würde ich dies Epigramm, das nur eine Wortwitzelei enthält, ihm kaum zuschreiben.

V. 4: Itzt pflügt man am Katheder.

Die Ausdrücke pflügen, ackern, ochsen, büffeln bedeuten wohl alle so viel wie im Joche ziehen, stumpfsinnig sich abarbeiten. Aehnlich Wallensteins Lager 424: „Es treibt sich der Bürgersmann, träg und dumm, wie des Färbers Gaul nur im Ring herum".

42.

Der einfältige Bauer.

[Gödeke I 261; Bellermann IX 68.]

Das kleine volkstümliche Gespräch über Klopstocks Verstiegenheit und Weltentfremdung wird mit Recht von Weltrich als im Ton und der Satire treffend gerühmt.

V. 2: Blitz! hab' euch da ein hochg'studiert Gelese.

Das Wort Gelese, das sonst die Handlung des Lesens bedeutet, bezeichnet hier das Objekt des Lesens, das Werk, das gelesen wird, sowie das Fremdwort Lektüre in beiden Bedeutungen gebraucht wird. Gelese in dieser Bedeutung weiß ich sonst nicht zu belegen.

V. 7: Hat gesehen den Himmel offen.

Vgl. Jungfrau von Orleans 2590: „Ach, ich sah den Himmel offen".

V. 8: Ist hautganz durch die Höll geloffen.

Hautganz, gleich mit unversehrter Haut, kann ich sonst nicht belegen.

43.

Ein Vater an seinen Sohn.

[Gödeke I 264; Bellermann IX 69.]

Ein Vater stellt seinem Sohn die Hinfälligkeit des Sinnenglückes und die unzerstörbare Herrlichkeit des Seelenfriedens vor.

V. 18: Die sein Herz mit Schwertern sticht:

Nach „sticht" muß, wie schon Boxberger bemerkt hat, ein Kolon oder Komma stehen, oder, meinte er, man müsse in V. 17 "trotzt" für „trotz" lesen. Aber der letzte Vorschlag ist zu verwerfen. Der Gegensatz ist: Sinnenglück ist vergänglich, aber der Gerechte kann ewig ohne Menschenbangigkeit sein. Nach Boxberger ergäbe sich der schiefe Gegensatz: Sinnenglück ist vergänglich, nur der Gerechte trotzt der Selbstsucht heißem Grimme.

V. 23: Und vom Weltenumsturz angeschwungen, sitzen.

Angeschwungen heißt wohl so viel wie vom Weltenumsturz mit in den Strudel gerissen, mit in Schwung versetzt. Freilich paßt dieser Begriff der Bewegung nicht gut zu dem Verbum finitum „sitzen“. Aber der Gegensatz ist gerade beabsichtigt, wie etwa im Oxymoron: Auch im Wehen des Todes bleibt er innerlich ruhig. Das Komma muß nicht nach, sondern vor dem Wort „sitzen“ stehen. In der Anthologie fehlt es ganz. Ebenso bei Bellermann, der aber dann auch nach „Blitzen“ das Komma fortläßt.

44.

Die Messiade.

[Gödeke I 265; Bellermann IX 70.]

Religion beschenkte dies Gedicht,
Auch umgekehrt? — das fragt mich nicht.

Der Inhalt ist klar: Das Gedicht ist groß durch seinen großen religiösen Inhalt. Umgekehrt hat die Religion durch das Gedicht nichts an Vertiefung gewonnen. Minor giebt auch den Anlaß zu diesem Gedicht an. Conz hatte im Stäudlinschen Musenalmanach das Bild Klopstocks zum Beschauer sprechen lassen: „Daß Religion mit Wärme und Ehrfurcht dich erfüllt, das macht der Geist, der aus mir quillt“. Wahrscheinlich ist Schillers Epigramm eine Entgegnung an Conz. Dieser Nachweis hätte wohl verdient, auch von Weltrich und Bellermann gewürdigt zu werden.

45.

In Fuldas Wurzellexikon.

[Gödeke I 266; Bellermann IX 70.]

Die Chiffre L., mit der dies Gedicht unterzeichnet ist, ist von Reinwald Schiller zugewiesen. Minor glaubt, das

Gedicht sei von Petersen. Auch Weltrich meint, es stehe Petersen gut an.

Ich vermisse den Witz, und die Flickzeile „Nur eine kleine Paus'" ist auch so armselig, daß ich das Gedicht gern Schiller aberkennen möchte. Aber da das andre Gedicht mit der Chiffre L. von Reinwald ausdrücklich Schiller zugesprochen worden ist und ein sicherer Gegengrund auch nicht geltend zu machen ist, entscheide ich mich doch für Schillers Autorschaft.

46.

Kastraten und Männer.

[Gödeke I 267; Bellermann IX.]

Die Anregung zu dem Gedicht erhielt Schiller, wie längst nachgewiesen ist, durch Bürgers Gedicht: Männerkeuschheit. Der Grundgedanke ist sittlich, aber bei der Ausmalung des Sinnlichen läßt sich der Dichter verlocken, gar zu grell zu malen, und schreitet vielfach über die Grenzen des Schönen hinaus. Dabei zeugt die stürmische Leidenschaft aber von Großheit und Kraft.

V. 1: Wer ist es mehr?

Ich denke, das heißt: wer ist es noch?

V. 43—44: Führt er die Bahn Freiwillig zu den Toten.

„Führt" wohl gleich „lenkt".

V. 48: Auf teutschen Sand gerungen.

Das transitive „gerungen" gleich im Ringen, im Kampfe niedergeworfen.

V. 79: Zum Teufel ist der Spiritus, das Phlegma ist geblieben.

Minor I 45 citiert hierzu aus den ökonomischen Beiträgen des alten Schillers die Stelle: „Es ist noch eine chymische Probe, die Destillation, als durch welche die Bestandteile des Weins voneinander abgesondert und wenigstens dessen Hauptteile als das Phlegma (wässrigte Teil), der Geist, Oel, Salz und schleimigte Erde, ein jedes besonders, erhalten werden kann."

47.

Die alten und neuen Helden.

[Gödeke I 272; Bellermann IX 73.]

Von Reinwald Schiller zuerkannt. (Vgl. zu Nr. 41.) Der Grundgedanke, der Unmut über das tintenklecksende Säkulum, spricht auch eher für als gegen Schillers Autorschaft.

48.

An den Frühling.

[Gödeke I 271; Bellermann I 36.]

Das harmlos tändelnde Gedicht ist insofern interessant, als es Schillers Art gar nicht entspricht und zeigt, wie er damals sich in mannigfachen Formen zu versuchen trachtete.

49.

Hymne an den Unendlichen.

[Gödeke I 273; Bellermann IX 73.]

Vermutlich ein Gedicht aus der frühen Zeit, wo Schiller noch von Klopstock und Kleist abhängig war. Der Inhalt ist das Erkennen Gottes aus dem Gewittersturm. Friedrich

Vischer sagte in seinem Kolleg, es sei in dieser Hymne, die wohl die Aufnahme in die Sammlung der Gedichte verdient hätte, die Unendlichkeit Gottes in der Kraft besungen, wie die Unendlichkeit im Raume in dem Gedicht: Die Größe der Welt.

50.

Die Größe der Welt.

[Gödeke I 274; Bellermann I, 37.]

Anregung zu dem Gedicht wird Schiller nach Weltrichs Vermuten aus Hallers Gedicht über die Ewigkeit geschöpft haben. Charlotte v. Lengefeld schrieb an Schiller am 29. April 1789, sie habe sich letzt an dem Gedichte gefreut: „es giebt einem so hohe Gefühle".

Zu Bellermanns Erklärung, der ich beitrete, füge ich nur folgende Kleinigkeiten hinzu:

V. 6: Und der Markstein der Schöpfung steht.

Vgl. Venuswagen 105: „Dem am Markstein dieser Welt entsunken". Räuber (Theaterbearbeitung) V 7: „Hier ist der Markstein des Menschen". Räuber III 2: „oder ist hier die Mark seiner Bestimmung"? Fiesko II 19: „Hier ist der gähe Hinuntersturz, wo die Mark der Tugend sich schließt".

V. 20: Halt an! Walter,

Das Wort Waller hat auch schon Klopstock gebraucht: Die höchste Glückseligkeit 6: „Einer der Waller am Grabe". Vgl. auch Goethe, Werthers Leiden (am 16. Julius 1772): Ja, wohl bin ich nur ein Wanderer, ein Waller auf der Erde"!

V. 30: Wirf ein mutloses Anker hie.

Vgl. Brief an Körner 7. Mai 1785 (Jonas 132): „wo die Leidenschaften und Wünsche der andern alltäglichen Menschen ein mutloses Anker werfen".

51.

Passanten-Zettel.

[Gödeke I 276; Bellermann IX 74.]

Das biblische Bild, daß die Pforte des Himmels eng, die zur Hölle breit ist, führt den Dichter auf den Gedanken, die Passanten-Zettel der Thorschreiber des Himmels und der Hölle zu vergleichen. Während nun der Andrang zur Hölle übergroß ist, melden sich am Schlagbaum des Himmels den ganzen Tag über nur ein Heide, zwei Kinder und spät abends noch ein armer Sünder. Zur Hölle kommen gleich scharenweise Advokaten, Schreiber, Rezensenten, besoffene Studenten und verloffene Husaren mit zerzausten Haaren, und unter denen, die einzeln aufgeführt werden, sprengt ein fürnehmer Herr, wie es witzig heißt, in majestätischem Galopp heran. Das Ganze hat die Form des Epigramms. Die Menge der zur Hölle Eilenden erregt die Erwartung, die kurze Liste der Passanten zum Himmel giebt den Aufschluß. Die Gegenüberstellung ist witzig und originell.

V. 13: Will's denn zum jüngsten Tage währen?

Bellermann citiert Macbeth IV 1: „Was will das währen bis zum jüngsten Tag" und Schiller, Körners Vormittag: „Will das währen bis zum jüngsten Tag". In der Bibel findet sich meines Wissens nur der Ausdruck „jüngstes Gericht".

52.

Meine Blumen.

[Gödeke I 276; Bellermann I 38.]

Die Blumen, so schön sie sind, und ob die Vögel und Fliegen über und in ihnen sich gatten, sind doch der Seele und Liebe bar. Erst wenn Laura sie als Flügelboten süßer Schmerzen ihrem Dichter sendet, empfangen sie Leben, Sprache, Seelen, Herzen.

V. 1 u. 2: Schöne Frühlingskinder, lächelt,
Jauchzet, Veilchen auf der Au.

Gerade das Veilchen heißt auch in Sineds des Barden Gruß des Frühlings „holdes Frühlingskind".

V. 9: Seelen hat sie euch verneinet.

Verneinen statt versagen hat Schiller öfters: vgl. Melancholie an Laura 103: „Thräne sei verneinet" (sei nicht gestattet). Aehnlich Räuber, IV 2: „Verneinung der Geburt" (gemeint ist, der gewaltsame Tod, der Mord sei eine Aufhebung, ein Versagen der Geburt oder des Lebens). Geheimnis der Reminiscenz 138: „Seine Frucht vernein' ich eurem Gaumen".

V. 21: Aber wenn vom Dom umzingelt meine Laura
euch zerknickt.

Die Schwierigkeit der Deutung hat Weltrich auseinandergesetzt (I 449). Ein offenbarer Druckfehler bei Hoffmeister: Dorn statt Dom, ist als gute Konjektur von Joachim Meyer und Hauff aufgenommen, aber die Konjektur schafft auch keine rechte Befriedigung. Ich konjiciere kühner: vom Gram umzingelt. Also: Aber wenn von Sehnsucht und Liebesgram umfangen meine Laura euch, Blumen, bricht und, zum Kranze geringelt, thränend mir als Boten ihrer süßen Schmerzen sendet, dann erhaltet ihr Leben, Sprache, Seelen, Herzen.

53.

Fluch des Eifersüchtigen.

[Gödeke I 276; Bellermann IX 75.]

Die widrige Ausmalung der Folgen der Syphilis ist geschmacklos. Zu V. 12 citiert Bellermann Tells Monolog: „Als ich ohnmächtig rang vor dir“.

54.

Das Geheimnis der Reminiscenz.

[Gödeke I 279; Bellermann I 39.]

Das Geheimnis der Reminiscenz ist ein dunkles Ahnen, daß einstens nach dem platonischen Mythos zwei Liebende ein Körper gewesen. Das jetzige Wutverlangen sei, den früheren Zustand wiederherzustellen. Vereint seien sie ein Gott gewesen, jetzt nur Trümmer. Den Gedankengehalt haben namentlich Weltrich, Minor, Kuno Fischer aufgehellt, soweit das Dunkel, besonders der letzten Strophen, sich aufhellen läßt.

V. 9: Stürmend über meines Lebens Brücke.

Des Lebens Brücke ist die Brücke zwischen Körper und Geist. Seine Geister stürmen über die körperlichen Schranken hinaus, um ganz im Wesen der Geliebten aufzugehen. So heißt in Kabale und Liebe V 1 der Tod „die schreckliche Brücke zwischen Zeit und Ewigkeit“. Vgl. Resignation 11: „Da steh ich schon auf deiner Schauerbrücke, Ehrwürd'ge Geistermutter — Ewigkeit“.

V. 11: „Sprich, warum entlaufen sie dem Meister?“

Der Meister ist wohl der Verstand, die Geister die Seelenregungen, die Affekte.

B. 18: Der Wahnsinn ist des Rätsels kunder.

Die Form kunder für kundiger kann ich sonst nicht belegen. Vgl. Mosis I 37, 8: „und wurden ihm noch feinder".

B. 27: Warst ein Weltzernichter.

Warst wie Gott in schaffender Kraft selbständig, schwangst dich auf den Sonnenhügel der Wahrheit und erkanntest hinter dem Schleier der Dinge die geistigen Kräfte, das innere Radwerk.

B. 44: Zu der Wahrheit Sonnenhügel

Vgl. im Lied an die Freude 57: „des Glaubens Sonnenberg".

B. 52: Wälzte sich des Glückes Nietentonne.

Vgl. Das Siegesfest 81: „Weil das Glück aus seiner Tonne".

Der weitere Inhalt ist: „Damals waren wir erhaben über Glück und Begierde. In geistiger Wollust wurden wir nie des Genusses satt und waren frei von Begierde. Jetzt aber, in Trümmer zerschlagen, sehnen wir uns, unbefriedigt, das verlorene Wesen wiederzuerlangen. Und wenn wir hier auch auf die jähe Spitze der Wonne der Wiedervereinigung klettern, so sind auch diese Lustsekunden nur matte Spuren der einstigen Götterstunden. Dieses sinnliche Leben ist nur ein Göttertraum. Saftig schmeckt wohl der Apfel des Wunderbaumes — die Sinnlichkeit dem Menschen. Aber wer ihr verfallen ist, der fühlt doch, wie weit sie ihn von der einstigen Unschuld und Seligkeit entfernt und wie die Teufel über unser eitles Unterfangen schmunzeln, unsere verlorene Göttlichkeit wieder gewinnen zu wollen.

55.

Gruppe aus dem Tartarus.

[Gödeke I 284; Bellermann I 41.]

B. 2: Wie durch hohler Felsen Betten weint ein Bach.

Vgl. Hektors Abschied 17: „Der Cocytus durch die Wüsten weinet". Laura am Klavier 34 ff.: „Wie durch toter Wüsten Schauernachtsgeflüster, Wo verlornes Heulen schweift, Thränenwellen der Cocytus schleift".

V. 8 u. 9: Hohl sind ihre Augen — ihre Blicke Spähen bang nach des Cocytus Brücke.

Vgl. Venuswagen 121: „Hohl und hager, wandelnde Gerippe Keuchen sie in des Cocytus Boot".

V. 12: Ob noch nicht Vollendung sei?

Die Vollendung ihrer Qualen ist gemeint.

V. 14: Bricht die Sense des Saturn entzwei.

Vorwurf an Laura 66: „Chronos' Sense splitternd niederfiel".

Der Gedanke der letzten Zeilen ist: Die Ewigkeit nimmt sie auf in ihr Reich, bricht die Sense der Zeit entzwei und schließt damit jede Aenderung ihres Qualzustandes aus.

56.
Die Freundschaft.

Aus den Briefen Julius' an Raphael, einem noch ungedruckten Roman.

[Gödeke I 285; Bellermann I 43.]

Borberger hat im Archiv für Litteraturgeschichte VIII 120 ff. nachgewiesen, daß Schillers Gedicht auf Leibnizschen Gedanken fußt. Woher sie Schiller kannte, ist ungewiß; vermutlich hatte Abel sie ihm vermittelt. Die philosophischen Briefe zwischen Julius und Raphael, in denen Schiller und Körner später die Ideen aus den Fragmenten seines einst begonnenen Romans in Briefen, wieder aufnehmen, führen die Grundgedanken dieses Gedichtes näher aus.

V. 1: Genügsam ist der Wesenlenker.

Genügsam wird Gott genannt, weil er sich an einem Urgesetze für das ganze Geisterreich und Körperreich genügen läßt, während die kleinmeisterischen Menschen für jede Erscheinung nach einem besonderen Gesetze suchen. „Zu kleinmeisterisch" vgl. zweite Vorrede zu den Räubern: „zu kleinmeisterisch, mein Großes zu begreifen"; Philipp II. nach Mercier: „und machte sie [die Gesetzgebung] zugleich kleingeistisch und grausam"; Erinnerung an das Publikum [bei Aufführung des Fiesko]: „wenn Kleingeistelei und Mode der Natur kühnen Umriß beschränken".

V. 4 u. 5.

Geisterreich und Körperweltgewühle
Wälzet eines Rades Schwung zum Ziele.

Vgl. Reden über die Folgen der Tugend: „Nicht geringer, als die allwirkende Kraft der Anziehung in der Körperwelt, die Welten um Welten wendet und Sonnen in ewigen Ketten hält, nicht geringer, sag' ich, ist in der Geisterwelt das Band der allgemeinen Liebe".

V. 8: Um das Herz des großen Weltenraumes.

Viehoff merkt an, daß Rückert in dem Gedicht „Die sterbende Blume" die Sonne ähnlich „Ew'ges Flammenherz der Welt" nennt.

V. 11: Nach der großen Geistersonne strömen.

Geistersonne gebraucht auch Rückert, Weisheit des Brahmanen I. 7, worauf eine Randbemerkung Borbergers hinweist.

V. 19: Glücklich! glücklich.

Solche Wiederholungen sehr häufig bei Schiller: Vgl. z. B. nur Räuber (Theaterbearbeitung) I 2: „glücklich! glücklich"; „keine, keine"; „hier, hier"; „pfui, pfui"; „stille, stille"; „pfui, pfui"; „laß mich, laß mich"; „nein, nein";

„Karl, Karl"; oder ebenda IV 10: „mit einem Ausdruck — einem Ausdruck"; „nein, nein"; „doch, doch"; „flieh, flieh"; „itzt, itzt".

V. 25 u. 26: Muß ich nicht aus deinen Flammenaugen Meiner Wollust Wiederstrahlen saugen?

Vgl. Bellermann Lesarten zu Don Carlos 3117: „Die Freude muß aus dem Aug' des Zeugen wiederstrahlen".

V. 37 u. 38:

Ständ im All der Schöpfung ich alleine,
Seelen träumt ich in die Felsensteine.

Vgl. Räuber IV 5: „Wenn du mir irgend einen eingeäscherten Weltkreis allein ließest — Ich würde dann die schweigende Oede mit meinen Phantasien bevölkern".

V. 49: Arm in Arme.

Vgl. Kabale und Liebe V 8: „Arm in Arm mit dir zur Hölle"; Don Carlos V. 1013: „Arm in Arm mit dir, So fordr' ich" 2c. Brief an Huber 5. Okt. 1785 (Jonas 144): „Wenigstens wollen wir Arm in Arm bis vor die Fallthüre der Sterblichkeit dringen".

V. 56: Fühlte Mangel — darum schuf er Geister.

Vgl. Fiesko (Bühnenbearbeitung) II 21: „Größe ist dem Schöpfer zur Last gefallen, und er hat Geister zu Vertrauten gemacht".

V. 57: Sel'ge Spiegel seiner Seligkeit.

Vgl. das Citat im Brief an Huber vom 13. Sept. 1785 (Jonas 140): „Betrachte mich also als den sel'gen Spiegel Deiner Seligkeit".

V. 59 u. 60:

Aus dem Kelch des ganzen Seelenreiches
Schäumt ihm — die Unendlichkeit.

Zum Ausdruck vgl. Totenfeier am Grabe von Riegers 91: „Und die Wahrheit, leuchtend wie die Sonne, Ihm aus tausend Röhren schäumt". Vergleiche ferner Goethes Werther (18. Aug. 1771): „Vom unzugänglichen Gebirge über die Einöde, die kein Fuß betrat, bis ans Ende des unbekannten Ozeans weht der Geist des Ewigschaffenden und freut sich jedes Staubes, der ihn vernimmt und lebt. — Ach damals, wie oft habe ich mich mit Fittigen eines Kranichs, der über mich hinflog, zu dem Ufer des ungemessenen Meeres gesehnt, aus dem schäumenden Becher des Unendlichen jene schwellende Lebenswonne zu trinken und nur einen Augenblick in der eingeschränkten Kraft meines Busens einen Tropfen der Seligkeit des Wesens zu fühlen, das alles in sich und durch sich hervorbringt".

Interessant ist auch die Vergleichung der ganzen Schlußstrophe mit folgender Strophe des Gedichts Die Götter Griechenlands:

„Freundlos, ohne Brüder, ohne Gleichen,
Keiner Göttin, keiner Irdschen Sohn,
Herrscht ein andrer in des Aethers Reichen
Auf Saturnus' umgestürztem Thron,
Selig, eh' sich Wesen um ihn freuten,
Selig im entvölkerten Gefild,
Sieht er in dem langen Strom der Zeiten
Ewig nur — sein eignes Bild."

57.

An Fanny.

[Gödeke I 287; Bellermann IX 78.]

Die einsame Nacht läßt weich geschaffene Herzen des jungen Lebens Schmerzen beseufzen. Da denkt der Liebende seiner verstorbenen Geliebten, das verlassene Mädchen ihres Ungetreuen, die künftige Geliebte des Dichters ihrer Sehnsucht nach edlen Freuden reiner Liebe. Auffallend ist, daß während das Gedicht selbst die künftige Geliebte ganz unbestimmt läßt [Wer du auch bist], die Ueberschrift lautet: An Fanny. Bellermann merkt an, daß das Versmaß mit dem in Hagedorns Gedicht „An den verlornen Schlaf" übereinkommt.

V. 13: Nur weichgeschaffne, sanftempörte Herzen.

Vgl. Am 2. Mai 1787, 20: „Den edlen Trieb, der weichgeschaffenen Seelen".

V. 16: Am Mondenstrahl.

Vgl. Wilhelm Tell III 1: Früh am Morgenstrahl".

58.

Der Wirtemberger.

[Gödeke I 293; Bellermann IX 78.]

Der harmlos burschikose Scherz, daß ein „Wirtemberger" schon nach dem Namen seines Landes naturgemäß den Wein lieben müsse, kommt frisch und lebendig zum Ausdruck. Schmid im Schwäbischen Wörterbuch bemerkt, die abgeschmackteste Ableitung des Namens Württemberg sei von Wirt am Berg, wenn darunter ein Gastwirt verstanden werde, annehmbar werde sie aber, wenn man das Wort nach Pfister in der Bedeutung von Heer nehme, wie im Nibelungen-Liede der Herzog von Burgund Wirt des Landes genannt werde.

59.

An mein Täubchen.

[Gödeke I 293; Bellermann IX 78.]

Schillers Autorschaft der Gedichte mit der Chiffre X. ist beglaubigt durch Reinwald und die Selbstkritik der Anthologie. Der süßliche Ton unsres Gedichts würde zunächst nicht auf Schiller als Verfasser raten lassen. Aber er versuchte sich eben in den Jugendjahren in allen Formen und hier in Gleim-Jakobischer Tändelei. Vielleicht ist der süße Ton absichtlich stark angeschlagen als Satire.

60.

Melancholie an Laura.

[Gödeke I 295; Bellermann I 45.]

Trotz aller entsetzlichen Reime und schwülstigen Ausdrücke ein groß gedachtes, bedeutendes Gedicht. Bellermanns Inhaltsangabe ist kurz und treffend. Ich beschränke mich hier wieder auf einzelnes und übergehe auch den schon oft in Parallele gestellten Schillerschen Aufsatz: Der Spaziergang unter den Linden.

V. 44—46:

Wuchernd fürs geliehne Rot,
Wuchernd, Mädchen, wird der Tod
Schwere Zinsen fordern.

Je schöner du blühst, um so empfindlicher und trauriger wird das Schwinden und Verwelken der Reize sein.

V. 70: Werden rauhe Winterstürme pflügen.

Viehoff bemerkt: „Pflügen" mit Runzeln bedecken. Das

kann doch aber nicht die Bedeutung des Wortes pflügen sein. Pflügen heißt Furchen ziehen, durchfurchen.

V. 90: Götterfunken aus dem Staub zu schlagen.

Das Wort Götterfunken hat schon Gotter in der Epistel über die Starkgeisterei gebraucht: „Nein, Seele, ruft, vom Nektar trunken, Freund Plato, nein, du bist ein Götterfunken Und kehrst zurück zum Ozean des Lichts". Vgl. An die Freude 1: „Freude, schöner Götterfunken".

V. 91 u. 92: Ach, die kühnste Harmonie Wirft das Saitenspiel in Trümmer.

Bellermann erklärt richtig die kühnste Harmonie, das kühnste Kunstwerk als Subjekt. Der geniale Gedanke reibt die Körperkräfte auf. Fast denselben Gedanken verstehen Düntzer und Weltrich [I 830], indem sie das Saitenspiel als Dichtung, die Harmonie als Lebenskräfte auffassen und nun Saitenspiel zum Subjekt machen. Vgl. Räuber II 1: „Der überladene Geist drückt sein Gehäuse zu Boden".

V. 93: Und der lohe Aetherstrahl Genie.

Vgl. Monument Moors des Räubers 40: „Mit des Genies gefährlichem Aetherstrahl".

V. 94: Nährt sich nur vom Lebenslampenschimmer.

Nährt sich nur noch vom letzten Tropfen Oel. Vgl. oben V. 54: „Jeder deiner Strahlenblicke trinkt deines Lebens kurzes Lämpchen ärmer"; Räuber I 1: „Seht dieses feurige Genie, wie es das Oel seines Lebens so rein weggebrannt hat"; Räuber II 1: „Ein Licht ausgeblasen, das ohnehin nur mit den letzten Oeltropfen noch wuchert"; Shakespeare, König Lear IV 6: „so möchte wohl mein müder Lebensdocht von selbst verglimmen".

V. 95 u. 96:

Wegbetrogen von des Lebens Thron
Frohnt ihm jeder Wächter schon.

Die Wächter sind die Lebensgeister, die frischen Nerven.

Sie betrügt der lose Aetherstrahl Genie um des Lebens Thron, des Lebens Krone, das gesunde sinnlich starke Leben. Nun dienen sie dem Genie, verschwören sich aber gegen das physische Leben des Dichters.

V. 102: Und im eignen Strahle lösch' ich aus.

Das ist der schönste Vers des Gedichts: Sein Geist verzehrt seine Körperkraft und er stirbt durch den Aetherstrahl des eigenen Geistes, wie die Sonne im eigenen Glutmeere untertaucht. Boxberger verweist in handschriftlicher Randbemerkung auf Schillers Rätsel Der Blitz: „Es stirbt im eigenen Feuer, wie's tötet, ist es tot". Aber das ist nur eine Parallelstelle für den Wortlaut, der Gedanke ist ganz verschieden. Vergleiche aber Sturz, Fragment über die Schönheit: „Diese Folge vereinigter Empfindungen [des Dichters] wächst endlich zum Totaleindruck eines hohen Ideals, das unsre ganze Seele, wie Jupiter seinen Tempel, füllt, aber ohne ein deutliches Bild, wir können die Erscheinung nicht haschen, sie zerfließt in ihrem eigenen Lichte:

Poi nel profondo de suoi rai chiuse e sparve.

Tasso".

Vgl. Uz, Der wahre Mut: „Die Königin des Lichts — weicht mit Majestät, im Purpur ihrer Pracht, dem kalten Hauche naher Nacht".

V. 114: Brich die Blume in der schönsten Schöne.

Vgl. Die Künstler 254: „zu immer höheren Höhen"; ebenda 460: „zum Strahlensitz der höchsten Schöne".

V. 119: Fliehn die Schatten — und noch schweigend horcht das Haus.

Die Konstruktion fasse ich, abweichend von Bellermann, wie Viehoff so: Jüngling mit der Trauermiene lösche mein Leben, wenn es auf dem Höhepunkt steht, aus, wie der Vorhang an der Trauerbühne bei der schönsten Scene niederrauscht — und nun führt der Dichter das Bild weiter aus ohne Vergleich: es fliehn die Schatten [die Gestalten, die dargestellten Personen] und noch schweigend horcht das Haus".

Vgl. Selbstkritik der Räuber [Gödeke II 361]: „Das Auge wurzelt in dem erhabenen armen Sünder, wenn schon lange der Vorhang gefallen ist"; Sinedds des Barden Lied Auf den Beredtesten der Donaudruiden: „Er hat gesprochen. Aber die Menge steht Noch horchend. Endlich, wie sich, vom Fittige Des Osts getroffen, brausend eine Ruhende Fläche der Wasser aufhebt, So wandelt Beifall über die Scheitel hin Und Lob und Preis dem Manne".

61.

Die Pest.

Eine Phantasie.

[Gödeke I 299; Bellermann IX 80.]

Der Inhalt ist Gottes Macht in den Schrecken des Todes; die Ausmalung der Verheerung der Pestseuche ist grell und schauerlich und überschreitet die Grenzen des Schönen.

Vorgeschwebt haben dem Dichter vielleicht Klopstocks Verse, Messias III 539 ff.:

„Also nahet die Pest in mitternächtlicher Stunde
Schlummernden Städten. Es liegt auf ihren verbreiteten Flügeln
An den Mauern der Tod und haucht verderbende Dünste.
Jetzo liegen die Städte noch ruhig; bei nächtlicher Lampe
Wacht noch der Weise; noch unterreden sich edlere Freunde
Bei unentheiligtem Wein in dem Schatten duftender Lauben
Von der Seele, der Freundschaft und ihrer unsterblichen Dauer.

Aber bald wird der furchtbare Tod sich am Tage des Jammers
Ueber sie breiten, am Tage der Qual und des sterbenden Winselns,
Wenn mit gerungenen Händen die Braut um den Bräutigam wehklagt;
Wenn, nun aller Kinder beraubt, die verzweifelnde Mutter
Wütend dem Tag, an dem sie gebar und geboren ward, fluchet;
Wenn mit tiefem, verfallneren Auge die Totengräber
Durch die Leichname wandeln, bis hoch aus der Donnerwolke
Mit tiefsinniger Stirn der Todesengel herabsteigt,
Weit umherschaut, alles still und einsam und öde
Sieht und auf den Gräbern in ernsten Betrachtungen stehn bleibt".

Noch einmal schildert Schiller die Pest in Semele 158 ff.

62.

Das Muttermal.

[Gödeke I 299; Bellermann IX 80.]

Der Inhalt, ein mutwilliger Einfall, wie Weltrich sagt, der dem jungen Mediziner nah lag. In der Form kommt Erwartung und Aufschluß knapp und schlagend zum Ausdruck.

63.

Monument Moors des Räubers.

[Gödeke I 301; Bellermann I 49.]

Interessant ist die von Weltrich herangezogene Vergleichung mit Goethes Gedicht vor der zweiten Ausgabe des Werther; namentlich treffen zu die Verse:

„Sieh, dir winkt sein Geist aus seiner Höhle;
Sei ein Mann, und folge mir nicht nach“.

Aehnlich ist Schillers Mahnung: „Jünglinge, Mit des Genies gefährlichem Aetherstrahl Lernt behutsamer Spielen“. Der Inhalt ist, daß der Räuber Moor, der hohe Gefallene, der erhabne Verstoß der Natur, wohl Mitleid und um seines glühenden, thatenlechzenden Herzens willen auch Bewunderung, aber nicht Nachfolge verdiene.

V. 4: Deine furchtbare Rolle vollbracht.

Vgl. Klopstock, An den Erlöser 3: „Durchlaufen bin ich die furchtbare Laufbahn“. Die Zeile ist bei Klopstock V. 55 wiederholt, wie der Schillersche Vers in V. 16.

V. 6: Deines Geschlechts Beginner und Ender.

Vgl. Klopstock, Messias XIII 731: „du Beginner und o du Vollender“; vgl. ferner Messias X 733; X 958; XI 15; XI 1318; XIII 262; XIII 411 ꝛc.

V. 8: Erhabner Verstoß der Mutter Natur.

„Zu Mutter Natur“ vgl. Klopstock, Der Züricher See 1. Zu „Verstoß“ vgl. Räuber III 2: „Ich allein der Verstoßene, ich allein ausgemustert aus den Reihen der Reinen“.

V. 18: In der Wiege des offenen Himmels.

Gesuchter Ausdruck für Galgen. Vgl. Räuber I 2: „Und wenn dich der Wandrer so hin und her fliegen sieht im Winde“.

V. 23 u. 24: Zu den Sternen des Ruhms Klimmst du auf den Schultern der Schande.

Vgl. Rede, Die Tugend in ihren Folgen betrachtet [Gödeke I 99]: „So hat sich der unvollkommene Geist eines Lamettrie, eines Voltaire auf den Ruinen tausend verunglückter Geister eine Schandsäule aufgerichtet, ihres Frevels unsterbliches Denkmal"; Räuber I 2: „Steig du auf Schandsäulen zum Gipfel des Ruhms".

V. 54: Aber du lächelst und gehst.

Der Sinn ist: aber du lächelst, daß Moors Beispiel dich warnen soll, der ja nur erdichtet ist. Lächele nicht, sein Name ist erdichtet, seine Sünde und seine Schande aber wahr.

64.

Auf Chloes Geburtstag.

Den 4. Januar.

[Gödeke I 303.]

Das Gedicht ist das erste der drei mit der Chiffre G. gezeichneten. Das dritte „Der Unterschied" ist in der Selbstkritik der Anthologie von Schiller genannt. Deshalb bin ich geneigt, auch die mit G. gezeichneten Gedichte Schiller zuzuweisen. Bellermann IX 5 hält das aus inneren, nicht näher angeführten Gründen für unmöglich. Er hält mit Weltrich I 511 und Minor I 580 Haug für den Verfasser [Bellermann IX 81].

Auf wen das Pseudonym Chloe deutet, ist bisher nicht gedeutet trotz Angabe des Geburtstages. Weder Luise noch Wilhelmine Andreä können in Betracht kommen, da nach Langes Aufsatz über sie im Euphorion II 739 ihre Geburtstage in den Dezember und November fielen. Auch für Henriette Sturm, die Pflegetochter der Frau von Wolzogen, oder für Ludovika Reichenbach, die Freundin von Christophine Schiller, an die ich dachte, stimmen die Geburtstage nicht.

Auch in dem mit G. gezeichneten Gedicht „Der Unterschied" wird eine Chloe genannt. Es kann nicht dieselbe Person in beiden Gedichten gemeint sein; denn in unserm Gedicht ist Chloe die Freundin des Dichters, in dem Gedicht „Der Unterschied" seine frühere Geliebte.

Der Gedanke, daß auch neben dem Gatten dem Freunde ein Platz gebühre, findet sich auch bei Schiller im Briefe an Körner vom 7. August 1785 [Jonas 135].

Ich wüßte keinen innern Grund, aus dem das Gedicht Schiller abzusprechen wäre; wäre aber Haug der Verfasser, so hätte er es wohl in die Ausgabe seiner Epigramme und vermischten Gedichte 1805 aufgenommen; wenigstens stehen da mehrere Gedichte, die meines Erachtens schlechter sind. Anders liegt das bei Schiller, der ein bloßes Gelegenheitsgedicht ohne tieferen Ideengehalt später mit Recht aus der Sammlung seiner Gedichte ausschließen konnte.

65.

Morgenphantasie.

[Gödeke I 304; Bellermann I 51.]

Das Gedicht erhielt später die Ueberschrift „Der Flüchtling". Der Inhalt ist der Ausdruck einer elegischen Stimmung beim Anblick der erwachenden Natur, wie Schiller später im Gedichte „Der Jüngling am Bache" sang.

„Aber diese tausend Stimmen
Der erwachenden Natur
Wecken in dem tiefen Busen
Mir den schweren Kummer nur".

Daß die zweite Ueberschrift „Der Flüchtling" mit Gedanken an Schillers Flucht zusammenhängt, glaube ich nicht. Grabgedanken liegen zu Grunde, nicht Fluchtgedanken, und das Gedicht ist aus melancholischen Stimmungen heraus gedichtet, wie sie den jungen Schiller nach des jüngeren Hovens Tod und im Anblick der Krankheit seines Freundes Grammont im Jahre 1780 beherrschten, oder wie sie seinen Karl Moor [Räuber III 2] bestürmen: „Seht, es ist alles hinausgegangen, sich im friedlichen Strahl des Frühlings zu sonnen — warum ich allein die Hölle saugen aus den Freuden des Himmels"? Der Morgen zeigt dem Melancholiker überall frisches Leben, selbst in den stillen Waldungen. Er kann aber nur im Tode Frieden finden und hofft, daß der morgende Tag auf ihn als Toten blicke.

V. 2: Purpurisch zuckt durch düstre Tannenritzen
Das junge Licht.

Vgl. Der Spaziergang 26: „Nur verstohlen durchdringt der Zweige laubiges Gitter Sparsames Licht".

V. 6: Mit freudig melodisch gewirbeltem Lied.

Vgl. Der Spaziergang 19: „Nur der Lerche Gesang wirbelt in heiterer Luft".

V. 13: Wie silberfarb flittern die Wiesen.

Vgl. Der Spaziergang 21: „und im Wind wogt das versilberte Gras".

V. 25: Die Wagen erknarren.

Das Wort erknarren nach Analogie der Wörter ertönen, erklingen, erschallen, erdröhnen. Vgl. auch Der Spaziergang 104: „Es erseufzt die Dryade".

V. 31: Wohin soll ich wenden.

Wenden reflexiv. Vgl. Der Spaziergang 117 „das wundernde Ohr" und 138 „der wundernde Blick".

V. 32: Am elenden Stab.

Der Stab heißt elend, weil der heimatlose Wanderer elend ist, der Wanderstab das einzige ist, was ihn in seinem ruhelosen Elend begleitet. Vgl. Wilhelm Tell: „Nichts hat er ihm gelassen als den Stab, Um nackt und blind von Thür zu Thür zu wandern".

V. 38: Säusle nieder, Abendrot, und flöte.

Das schiefe Bild des flötenden Abendrots ist mit Recht schon von den Kommentatoren beanstandet worden.

66.

Lied eines abwesenden Bräutigams.

[Gödeke I 305.]

Das Gedicht ist mit G. unterzeichnet. Vgl. zu Nr. 64. Innere Gründe sprechen nicht für Schillers Autorschaft, aber auch nicht entschieden dagegen. Es ist eben doch möglich, daß er das Gedicht im Sinne eines bestimmten oder nur fingierten von seiner Braut getrennten Bräutigams gedichtet hat. Haug, dem Weltrich, Minor und Bellermann das Gedicht zuschreiben, war damals meines Wissens auch nicht Bräutigam. Nach seinen Gedichten an seine Gattin [Epigramme und vermischte Gedichte II 491, 498, 501] hat er sich erst 1784 verlobt und am 9. März 1786 verheiratet. Also dem Inhalt nach scheint für Haugs Autorschaft so wenig Anhalt vorhanden zu sein, wie für die Schillers. In der Form des Gedichts sehe ich aber wiederum kein Bedenken gegen Schillers Autorschaft.

67.

An Minna.

[Gödeke I 307; Bellermann I 53.]

Minors Annahme, daß das Gedicht auf ein Liebesverhältnis Schillers mit Wilhelmine Andreä zurückzuführen sei, die Geliebte Stäudlins und Reichards, hat Wilhelm

Lang im Euphorion II als unglaubhaft widerlegt. Der Gegenstand des Gedichts war eben allgemein das Gefühl eines betrogenen Liebhabers gegen seine unwürdige frühere Geliebte. Daß ihm Reichards oder Stäudlins Verhältnis zu Wilhelmine Andreä diesen Gegenstand nahe legten, kann sein und kann auch nicht sein. Eine gewisse inhaltliche Verwandtschaft hat das Gedicht mit dem Gedicht „Der Eifersüchtige", aber die Behandlung ist ganz verschieden. Dort wünscht die Wut des Betrogenen der Ungetreuen die gräßlichste Vernichtung, während in unserm Gedicht das Mitleid über Verachtung und Rachegedanken den Sieg behält.

68.

Der Unterschied.

[Gödeke I 309.]

Schiller nennt dies mit O. unterzeichnete Gedicht in seiner Selbstkritik der Anthologie unter den zärtlichen, weichen und gefühlvollen Liedern. Ich halte ihn daher auch für den Verfasser.

V. 36: Da hing mein Leben am Kuß.

Vgl. Klopstock, Das Rosenband: „Mein Leben hing Mit diesem Blick an ihrem Leben".

69

Elysium.

Eine Kantate.

[Gödeke I 311; Bellermann I 42.]

In der Sammlung der Gedichte hat Schiller das Gedicht unmittelbar auf sein Gedicht „Gruppe aus dem Tartarus" folgen lassen. In der Anthologie sind beide weit auseinander gerückt. Es ist daher zweifelhaft, ob sie ursprünglich als zusammengehörige Gegenstücke gedacht waren.

V. 22: Träumt er, geschnittene Halmen zu sehen.

Der Plural Halmen findet sich in Schillers Zeit häufig, so: Kleist, Der Frühling 110; Cissides und Paches I 179. Auch bei Schiller öfter, z. B.: Semele 539; Der Menschenfeind [Gödeke VI 295.]

V. 28: Ihm verhallet wilder Speere Klang.

Hier ist Elysium als Stätte des Ausruhens gedacht. Anders Götter Griechenlands 74 ff.: „Seine Freuden traf der frohe Schatten In Elysiens Hainen wieder an, Treue Liebe fand den treuen Gatten Und der Wagenlenker seine Bahn" ꝛc.

70.
Quirl.

[Gödeke I 312; Bellermann IX 81.]

Die Chiffre lautet O. Q. bei Gödeke ist Druckfehler. Die Journalisten schreiben nur für den Lebensunterhalt; wird Brot und Fleisch teurer — nun so schreiben sie eben ein Heft mehr. Der Spott ist beißend. Ob des Epigramms Spitze noch gegen einen bestimmten Zeitungsschreiber gerichtet ist, ist bisher nicht erwiesen; ich vermute es.

71.
Semele.

[Gödeke I 313; Bellermann IX 217.]

Als Charlotte v. Lengefeld am 29. April 1789 an Schiller geschrieben hatte, Semele habe sie auch recht gefreut, es sei gar nicht artig, wie die garstige Juno sie so hintergehe, antwortete Schiller am 30. April [Jonas 404], das Lob habe ihn ordentlich erschreckt: „Mögen mir's Apoll und seine neun Musen vergeben, daß ich mich so gröblich an ihnen versündigt habe". Aber die Thatsache, daß er noch nach dem Jahr 1800 einen Teil der Dichtung zu überarbeiten versuchte, zeugt doch dafür, daß er die Jugenddichtung nicht ganz verwarf. Man kann an eine Operette nicht den rein dramatischen Maßstab legen; das ist meines Erachtens von Hoffmeister, Minor, Weltrich und Bellermann nicht genug beachtet worden. Richtig ist aber hervorgehoben, daß der Schluß nicht befriedigt, und daß andrerseits die beiden Hauptfiguren, Juno und Semele, lebendig und scharf charakterisiert sind. Nach Streicher ist die Operette in den Jahren entstanden, wo Schiller in der Karlsschule sich mit besonderem Eifer den medizinischen Studien widmete, d. h. 1778 und 1779.

V. 13: [nach Gödekes Zählung]: Haus meines grauen Zorns.

Grauer Zorn hier wohl alter Zorn, nicht finstrer Zorn, wie z. B. Wallenstein, Piccolomini 2556: „schwarzen Argwohn". Der alte Zorn der Juno gegen Theben schreibt sich her von Entführung der Europa, der Tochter des Agenor, durch Zeus.

V. 26: Götterbrot und Nektarpunsch.

„Nektarpunsch" hat schon Wieland, Juno und Ganymedes 379, gebraucht.

V. 51: Auf ein lackiertes Gesichtchen Aufgebläht.

Vgl. Kabale und Liebe IV 7: „Ist es ihr bischen Gesicht, worauf sie so trotzig thut".

V. 52: Das Ding von gestern und heute.

Vgl. Hiob 8, 9: „Denn wir sind von gestern her und wissen nichts".

V. 82: Durchbalsamet den Saal mit Weihrauchdüften.

Kretschmann, Der Gesang Rhingulphs des Barden. Zweites Lied: „Durchbalsamt von dem Blütenduft".

V. 266: Auf Tellus ganzem, großem Rund.

Den Ausdruck Rund hat Schiller nicht zuerst gebraucht, (auch bei Wieland findet er sich öfter), aber mit Vorliebe. Vgl. An die Freude 19: „Erdenrund"; Der Spaziergang unter den Linden: „Dieses unendliche Rund"; Don Carlos 273; Maria Stuart 1960 rc. rc.

V. 282: Ein lockerer Geselle.

So heißt Zeus bei Bürger, Europa 12.

V. 315: Ins Angesicht, das sympathetisch dir sich öffnet.

Vgl. Minor I 582. Schiller braucht das Wort sympathetisch oft. Vgl. Fiesko II 2: „Lassen Sie den Ihrigen [Weg] immer ein sympathetisches Mittel bleiben"; Vom Erhabenen [Gödeke X 147]: „sympathetisch leiden" und „das sympathetische Leiden"; Die Ideale 34: „Bis warm von sympathetschem Triebe".

V. 383: Den Wunsch dir zu entleiden.

Vgl. Fiesko I 3: „Eine Staatsveränderung soll meinen Gläubigern das Fordern entleiden"; Was heißt und zu welchem Zwecke studiert man Universalgesch. [Gödeke IX 82]: „Dem Rechtsgelehrten entleidet seine Wissenschaft"; Brief an W. v. Humboldt vom 17. Dez. 1795 [Jonas 966]: „Der Beschluß der sent. Dichter — fängt an mir zu entleiden". Frisch und Adelung führen das Wort nicht an. Auch W. v. Humboldt kannte es nicht [Brief an Körner vom 28. März 1830].

V. 430: Was kann mir Juno leiden?"

Frisch führt das Sprichwort an: Was einem lieb, das laidt den andern. Quod hic amat, alter aegre fert. Es bedeutet: ärgern, zu Leide thun, zuwider thun.

V. 666: Wie kann vor seinem Topf der Töpfer liegen.

Vgl. Jesaias 64, 8. Schiller, Spaziergang unter den Linden: „Nun, Edwin, rechtfertigen Sie den Töpfer gegen den Topf".

V. 749: Daran erkenn ich meinen Jupiter.

Vgl. Wallensteins Tod 1871: „Daran erkenn ich meine Pappenheimer".

72.

Die Büchse der Pandora.

[Gödeke I 340; Bellermann IX 81.]

In Schillers Selbstkritik der Anthologie heißt es: „was kümmert es den Anthologisten, ob er unter die Narzissen und Nelken auch hie und da Stinkrosen und Gänseblumen bindet". Ich verstehe das Gedicht nicht recht. Soll es aber einen epigrammatischen Witz, ja überhaupt einen Sinn haben, so glaube ich, es gehört unter die Stinkrosen und soll den Gedanken ausdrücken: Da du Pandora, du von allen Göttern begabtes Weib, Jammer und Weh über die Welt gebracht hast, so gieb uns nun auch deinen Leib, die Büchse, aus der alles dies Wehe geflossen ist. Die Büchse der Pandora ist danach wohl ein Symbol, das ausdrücken soll, wie das Weib in sich die Fülle alles Jammers und Wehs birgt. — Aber auch angenommen, daß meine Deutung richtig ist, erscheint mir das Epigramm schwach, schlüpfrig und gesucht.

78.

Die schlimmen Monarchen.

[Gödeke I 341; Bellermann IX 82.]

Nach Weltrich I 182 ist dieses Gedicht vielleicht die spätere und reifere Ausführung eines verlornen Gedichtes Schillers, das überschrieben war: „Die Gruft der Könige“ und mit dem Verse begann: „Jüngsthin ging ich mit dem Geist der Grüfte“. Möglich, daß zu solcher Umarbeitung Schubarts „Fürstengruft“ Anregung gegeben hat. Aber wenn auch möglich und wahrscheinlich, sicher ist das nicht festzustellen. Der Gedanke lag damals in der Luft. Schon Klopstock hatte, worauf auch Minor hingewiesen hat, im XVIII. Gesang des Messias „Die bösen Könige“ vor das Weltgericht gerufen, das Urteil ihres Todes zu hören, und das Urteil über sie spricht einer der Verworfenen, ein gerichteter Sünder, der seine Schande fühlt, mit den vernichtenden Worten aus: „und dennoch empfind' ich's, daß Ihr, der Menschheit Erniedrigung, von allen Erdegebornen Ihr die Unheiligsten seid, so lange die Sünde geherrscht hat“. Die Grundstimmung des Gedichts ist die der Räuber „in tyrannos“, und revolutionäre Wut in Rousseauschem Geiste reißt mit der Wonne glühender Rache den Häuptern der civilisierten Welt den falschen Flitter ihrer vermeintlichen Majestät vom Leibe. Die Sprache ist aufgeregt und schwülstig, die Bilder zum Teil gesucht und unklar; die Gedanken aber, lebendig empfunden und aus der tiefsten Seele des Dichters entquollen, behalten ihre zündende Macht für alle Zeiten.

Der Dichter selbst fühlt sich in seinen heiligsten Rechten bedrängt und gedrückt, und im Vertrauen auf die Macht seiner Waffe, der Poesie, „greift er getrosten Mutes in den Himmel Und holt herunter seine ewgen Rechte, Die droben hangen unveräußerlich“, und nach dem alten Urstand der Natur stellt er sich als Mensch dem Menschen gegenüber und spottet in vernichtendem Hohne des erhabnen Stümpers auf dem Throne, der da glaubt, seine innere Unwürde mit dem Gepränge seiner äußeren Würde decken zu können. Mit Recht bewundert Weltrich den Mut, diese Verse in Württemberg damals drucken zu lassen. Die Anspielung auf den Herzog Karl Eugen in Vers 99 ff. ist mit Händen zu greifen.

V. 1—3: Euren Preis erklimme meine Leier —
Erdengötter — die der süßen Feier
Anadyomenens sanft nur klang.

Daß Schillers Leier gerade nur der süßen Feier der Aphrodite sanft geklungen habe, ist zuviel gesagt. Vielleicht dachte der Dichter besonders des Gedichtes „Der Triumph der Liebe", dort die süße Feier des Venus, hier der bittere zornige Wehegesang über die mit Fluch beladenen Erdengötter.

V. 4: Leiser um das pompende Getöse.

Das Zeitwort pompen kennen Frisch und Adelung noch nicht.

V. 19: Sing' ich Ruhe unter Diademen.

Vgl. Haller, Ueber die Ehre 81: „Die Ruh' wohnt bei der Ehre nie"!

V. 33: Horch! die Flügel donnern jach zurück.

Jach, gleich jäh, plötzlich, überhastig, ist biblisch. Vgl. Spr. Sal. 21, 5: „Wer aber allzu jach ist, wird mangeln"; Sirach 28,13: „Jach sein zum Hader zündet Feuer an, und jach sein zu zanken vergießet Blut".

V. 46—47: Wie so schön man Moder übergoldet!
Doch nur Würmer werden mit dem Leib besoldet.

Vgl. Haller, Ueber die Ehre 76—78: „Doch wißt, daß einst, der Würmer Speise, Man unter Last vom höchsten Preise Nicht besser als im Rasen ruht".

V. 69: Spottet mir ein schleifend Echo nach.

Bellermann citiert treffend das verschleierte Bild zu Sais 72: „Gellt ihm ein langes Echo spottend nach.“

V. 70—73: Hört doch nur den Kammerjunker düsseln.
Euch beehrt Madonna mit geheimen Schlüsseln
In — ihr Schlafgemach.
Keine Antwort — Ernstlich ist die Stille.

Der Sinn ist: auch der Aufruf zur Wollust vermag sie nicht zu erwecken — da sind sie wirklich tot. Vgl. Räuber V 1: Schweizer: „Gebt acht, wie er hurtig auf die Beine springt! (rüttelt ihn) He, du! Es giebt einen Vater zu ermorden“. Grimm: „Gieb dir keine Müh'. Er ist maustot“. Schweizer: „Ja! Er freut sich nicht — Er ist maustot“!

V. 85—87: Ins Gebiet der leiseren Gedanken
Würden — überwänden sie die Schranken —
Schlangenwirbel eure Mäkler drehn.

Bellermann erklärt: „Eure Mäkler, d. h. die Schmeichler, die mit euren Launen gleichsam Geschäfte treiben, würden gern, wenn sie es nur könnten, auch die innersten Gedanken der Menschen verfälschen und vergiften (Schlangenwirbel hineinziehen), so wie sie den äußeren Beifall des Pöbels für euer Gaukelspiel zuwege brachten“ (V. 82). Ich verstehe die leiseren Gedanken als das Gewissen der schlimmen Monarchen, das die Mäkler gern vergifteten — aber lernt doch, wie im stillen Gewissen ihr es ja immer fühlt, daß Gott auch eure Pharisäerlarven mit seinem Scharfblicke durchdringt.

V. 91—92: Prägt ihr zwar — Hohn ihrem falschen Schalle! —
Euer Bild auf lügende Metalle.

Bellermann citiert Goethe, Epigramme aus Venedig 56: „Fürsten prägen so oft auf kaum versilbertes Kupfer Ihr bedeutendes Bild". Vgl. ferner Schiller, Vorwort zur Anthologie: „Eure Matadore wollen Silbergeld gemünzt haben, wenn sie ihr Brustbild auf elendes Messing prägten". Bürger, Fortunens Pranger 17: „Ha, der Frechen, die so unverhohlen Mir nichts, dir nichts! falsche Münzen schlägt, Und aus Lumpenkupfer die Pistolen Und aus Gold die Lumpenheller prägt".

V. 105: Bübelt aus des Thrones Hinterhalt.

„Hinterhalt" gleich „sichere Deckung". „Zu bübeln" vgl. Bürger, Frau Schnips 75: „Und ihren armen Hahnrei so zur Welt hinauszubübeln".

74.

Graf Eberhard der Greiner von Württemberg.

Kriegslied.

[Gödeke I 344; Bellermann I 54.]

Ueber Schillers Quelle finde ich nirgends nähere Angaben. Das Wesentliche, namentlich das Wort Eberhards V. 54 und Eberhards Trauer nach der Schlacht um den gefallenen Sohn finden sich in Crusius Ann. Suev. Pars III lib. VI c. 2 p. 308. Vgl. Eichholtz, Quellenstudien zu Uhlands Balladen, Berlin 1879, S. 84. Ich vermute aber, daß Schiller nicht direkt aus dieser Quelle seinen Stoff geschöpft hat.

V. 22: Und kam gepantscht nach Haus.

Nach Schmids Schwäbischem Wörterbuch heißt bantschen schlagen gleich battre.

V. 38:

Windsbraut ist biblisch. Vgl. Apostelgesch. 27, 14. Vgl. Räuber V 1: „und eine heulende Windsbraut fegte von hinnen Meer, Himmel und Erde".

V. 40: Schwung seinen Heldenstab.

Vgl. Uhland, Schenk von Limburg: „Die Jägerstange" im Sinne von Spieß. Ferner Schenkendorf, Scharnhorsts Tod: „Heldenlanze".

V. 48: Schnell um ihn her der Helden Trieb.

Trieb gleich Schar, wie schon Düntzer angemerkt hat, auch Räuber II 3: „Bringst ja Rekruten mit, einen ganzen Trieb"; vgl. auch Uhland, Die Döffinger Schlacht 69: „nächt ist in unsern Trieb Der gleißend' Wolf gefallen".

V. 58: Rasch über Leichen ging's daher.

Vgl. Gleim, Siegeslied nach der Schlacht bei Prag 39: „Da, Friedrich, ging dein Grenadier Auf Leichen hoch einher"; Gleim, An die Kriegsmuse nach der Niederlage der Russen bei Zorndorf 4: „Mit ihm auf Leichen unerschrocken ging". Vgl. Schiller, In einer Bataille 47: „Der Fuß strauchelt über Leichnamen".

75.

Alte Jungfern.

[Gödeke I 347; Bellermann IX 85.]

Durch Reinwald und durch die Selbstkritik der Anthologie sind die Gedichte mit der Chiffre Z. als von Schiller herrührend beglaubigt. Auch der derb volkstümliche Schluß unsres Gedichts scheint mir dafür zu sprechen.

75.

An Gott.

[Gödeke I 348; Bellermann IX 85.]

Nach Form und Inhalt scheint mir das Gedicht zu den früheren Gedichten Schillers aus der Zeit, wo er die militärische Pflanzschule besuchte, zu gehören. Bellermann hat bereits auf einige Parallelen aus der Bibel hingewiesen. Der Ausdruck, daß die Sonne in stiller Majestät aufsteigt, findet sich wieder in dem Gedicht „Die Götter Griechenlands" 20: „Lenkte damals seinen goldnen Wagen Helios in stiller Majestät".

77.

Bauernständchen.

[Gödeke I 349; Bellermann IX 86.]

V. 1: Mensch! Ich bitte guck heraus.

Mensch bedeutet nach Schmids Schwäb. Wörterbuch eine Weibsperson in verächtlichem Sinne, ferner eine ledige Weibsperson, drittens eine Geliebte, häufig mit einem unlautern Nebenbegriffe. Hier redet der Dichter eine Geliebte in ärgerlicher Stimmung an, aber ohne unlauteren Nebenbegriff.

V. 2: Klecken nicht zwei Stunden.

Klecken heißt nach Schmids Schwäb. Wörterbuch hinlänglich sein, auslangen. Bellermann verweist auf das Gedicht Die Philosophen 24: „Einen erklecklichen Satz will ich, und der auch was setzt".

V. 40: Hast mich eingesegnet.

Solchen derben Tauffegen schildert Schiller später noch aus Jena im Briefe an Körner vom 29. August 1787

[Jonas 214]: „Abends, wenn es dunkel wird, hört man fast alle vier Minuten die ganze lange Gasse hinunterschallen: „Kopf weg! Kopf! Kopf weg"! —, welches menschenfreundliche Wort den fliehenden Wanderer vor einem balsamischen Regen warnt, der über seinem Scheitel loszubrechen droht".

78.

Der Satyr und meine Muse.

[Gödeke I 350; Bellermann IX 87.]

Weltrich [I 519] sagt richtig, das poetische Motiv sei einigermaßen gezwungen. Der Dichter wolle ein gutes Recht beanspruchen, die satirische Geißel zu gebrauchen, da seine Muse sie um einen Kuß an einen alten Satyr teuer erkauft habe. Bei dem alten Satyr, meint Weltrich, könnte an Voltaire gedacht werden. Ich hätte nicht auf Voltaire und überhaupt auf keinen bestimmten Dichter bei dem alten Satyr geraten, sondern ich halte die Einkleidung, wie er die Geißel gewonnen habe, für ein freies dichterisches Bild; er hat sie und will sie nicht umsonst haben und gegen Narren und Würdenschänder, weidlich gebrauchen.

Für die Deutung auf Voltaire könnten nur der Muse Worte in V. 29 und 30 sprechen: „Mich liebt ein junger Sänger Fern im Teutonenland", wo das ferne Teutonenland darauf hinzudeuten scheint, daß der Satyr in einem andern Lande hause. Aber darum auf Voltaire zu schließen, zu dem Schiller geistig in gar keiner Beziehung stand, scheint mir doch sehr gewagt. Wäre gar an einen bestimmten Satiriker zu denken, von dem er die Geißel sich habe arbeiten lassen, so läge mir Swift näher als Voltaire. Ihn kannte Schiller früh, vgl. Philosophische Briefe [Gödeke IV 47;

Bellermann XIII 118] und in Stäudlins Lied eines Vagabunden heißt es mit Bezug auf Schiller: „Wer mit der Faust mich gröblich trifft, Den straf' ich mit dem Kiel wie Swift". Swift galt dem Zeitalter Schillers eben unbestritten als der Meister in der Satire. Aber, wie gesagt, bedarf es nach meiner Empfindung keiner Deutungsversuche des Satyrs. Der Gedanke des Gedichts ist ganz allgemein der: Meine Muse hat um einen Kuß vom Satyr für mich die Geißel erworben, d. h. ich verschmähe auch die grobe Satire nicht, wo sie mir dazu dienen kann, Narren und Würdenschänder zu geißeln.

V. 40: Bedankt sich noch gar säuberlich.

Bei Gödeke steht der Druckfehler: Bedenkt.

V. 47 u. 48: Und macht dir derbe Sätze
Auf Kapp und Steckengäulen her.

Ich bekenne, diese Verse nicht zu verstehen. Bellermann deutet Kapp auf Narrenkappen. Aber wer sind denn die Steckengäuler? Vermutlich auch Narren. Ich glaube Kapp' heißt hier Kappgäule, Gäule, die einen Kappzaum tragen. Die von der Geißel Getroffenen machen auf ihrem kindisch ausgeputzten und nachgebildeten Pegasus derbe Sätze (?).

79.
Die Winternacht.

[Gödeke I 353; Bellermann IX 89.]

Der Dichter träumt von einer Winternacht, wo er, nachdem sein Weibchen schon im Schlafgemache ruht, der Jugendfreunde und Jugendtage gedenkt. Wie werden die Freunde jetzt beim hochgefüllten Deckelglase aller Nöte in der Schule lachend gedenken und mancher wollüstigen Streiche! Aber nun heischt das Leben Ernst. Was hatte er einst für hohe

Erwartungen vom Leben! Und jetzt? — Nun, mögen ihn auch sonst seine Hoffnungen getäuscht haben, wenn ihm nur sein Herz und Gefühl lebendig bleibt und als Gewinn des Lebens ihm ein deutscher Lorbeerkranz für seine Dichtungen zuteil wird.

V. 5: Nichts hör' ich mehr durch winternde Gefilde.

„Wintern" ähnlich wie „maien"; Melancholie an Laura 12.

V. 21: Im Hintergrund vergangner Jahre.

Vgl. Demetrius [Kettner 232]: „Im fernsten Hintergrund vergangner Zeit". Umgekehrt von der Zukunft ist der Ausdruck gebraucht: Carlos 39/40: „O wer weiß, Was in der Zeiten Hintergrunde schlummert"?

V. 39/40: Und mancher will der Lecker baß nun wissen, Was doch ihr Mann baß — gar nicht weiß.

Bellermann erklärt: „Mancher leichtsinnige Geselle glaubt das, was ich etwa mit der Frau zu thun gehabt habe, besser zu wissen, was doch ihr Mann besser gar nicht weiß". Schillers Worte sagen meiner Meinung nach nur: mancher der Lecker will nun besser manches vom verbotenen Umgang der Frau im Kreise der einstigen Schüler wissen, was doch ihr Mann besser gar nicht weiß. Die Worte gelten dem ganzen Kreise, nicht Schiller allein.

V. 43: Und Friedrich schweigt der weiseren Perücken.

Weltrich I 536 erklärt: „Die Thorheit des kleinen Fritz schämt sich vor der Weisheit des perückentragenden Friedrich". Er meint das Richtige, sprachlich scheint mir seine Deutung unrichtig. Umgekehrt wird ein Schuh daraus: der weisere perückentragende Friedrich schämt sich der Thorheiten des kleinen Fritz; er redet jetzt nicht gern von ihm, schweigt davon vor seiner jetzigen weiseren Würde.

V. 50: Bleibt nur dies Herz noch ganz.

Vorberger zieht in einer Randbemerkung heran Räuber IV 5: „Bleibt mir nur dieses mein Selbst getreu“.

Mit diesem Gedicht schließt die Anthologie. Von ihren 83 Gedichten habe ich hier 68 als auch nach äußeren Gründen sicher oder wahrscheinlich Schiller zugehörig besprochen. Sie umfassen die Gedichte unter den Chiffern A. C. G. L. M. O. P. v. R. Rr. W. WD. X. Y. Z. *. †. Vom Verfasser der Räuber. Durch die Aufnahme einzelner Gedichte in die Sammlung der Schillerschen Gedichte sind folgende Chiffern als ihn bezeichnend gesichert: Y. M. O. v. R. WD. Rr. Alle Gedichte dieser Chiffern zusammen sind 42 an der Zahl. Die Chiffre W. (drei Gedichte) ist durch Christophine Reinwald als Schiller zugehörig erklärt. Durch Abschriften Reinwalds sind als wahrscheinlich Gedichte mit folgenden Chiffern Schiller zugehörig: Y. M. O. Z. (vier Gedichte), C. (zwei Gedichte), P. (vier Gedichte), H. (vier Gedichte), A. (ein Gedicht) L. (zwei Gedichte).

Danach rührten noch 20 Gedichte, also im ganzen 62, von Schiller her. Nun habe ich die Vermutung ausgesprochen, daß Schiller in seiner Besprechung der Anthologie nur Gedichte von sich selbst erwähnt hat, daß diese Besprechung also lediglich eine Selbstkritik ist. In dieser sind Gedichte folgender Chiffern erwähnt: Y. M. W. H. v. R. G. O. WD. P. *. Z. C. Zu den sonst schon beglaubigten Chiffern kommen also nur nur noch G. (drei Gedichte) und * (ein Gedicht) hinzu, von denen die letztere sicher aus inneren Gründen auf Schiller zu deuten ist. Ebenso wird die „Winternacht“ mit der Chiffre † übereinstimmend von allen Kritikern Schiller zugesprochen und ein Gedicht trägt die Unterschrift: Vom Verfasser der Räuber. Das ergiebt die Reihe der 68 Gedichte, die ich besprochen habe. Die in der Kritik erwähnten Gedichte sind also alle auch aus anderen Gründen schon Schiller zugesprochen worden außer die der Chiffre G. Es scheint mir aber nicht glaublich, daß Schiller von den Gedichten seiner Freunde, wenn er sie überhaupt erwähnte, einzig die mit G. gezeichneten hervorgehoben und die sicher Hoven zugehörigen unter der Chiffre H. . . übergangen haben sollte. Und somit halte ich die Autorschaft Schillers bei den Gedichten mit G. auch für gesichert. Bellermann IX 5 bestreitet diese Annahme aus inneren Gründen auf das entschiedenste. Für mich sind die angeführten äußeren Gründe aber gewichtiger. Absolut sichere Entscheidung ist freilich in dieser Frage nicht zu fällen.

Die übrigen 15 Gedichte sind weder durch äußere noch innere Gründe für Schiller in Anspruch zu nehmen, nämlich die der Chiffern B. (ein Gedicht), Bn. (ein Gedicht), H. . . (vier Gedichte), Ha. (ein Gedicht), Hr. (zwei Gedichte), T. (vier Gedichte) und U. (zwei Gedichte) in Summa 15 Gedichte. Von diesen gehören die der Chiffre H. . . sicher Friedrich von Hoven zu. (Vgl. Brief Schillers an Hoven [Jonas 21].) Vielleicht gehört ihm auch die Chiffre Hr. Die Chiffern Ha. und U., denke ich, sind Haug, Bn. und T. Petersen zuzuweisen. Ob die Chiffre B. Schubart zugehört, vermag ich nicht zu sagen. Bronners Aufsatz in der Zeitschr. f. östr. Gymn. 1887, 106 ff., auf den Minor verweist, habe ich nicht eingesehen. Daß an Gemmingen schwerlich zu denken ist, scheint mir Weltrich klar ausgeführt zu haben.

80.

Totenfeier am Grabe des Herrn Philipp Friedrich von Rieger.

[Gödeke I 357: Bellermann IX 91.]

Hermann Fischer hat den Originaldruck des Gedichts in der königlichen Bibliothek zu Stuttgart aufgefunden und im

Archiv für Litteraturgeschichte X 393 abdrucken lassen, was Bellermann entgangen zu sein scheint. Ebenso ist ihm und Gödeke entgangen, daß Bruchstücke des Gedichts zuerst wieder im Freimütigen 1806 S. 435 abgedruckt sind, worauf schon Boas II 242 u. Minor I 584 hingewiesen haben.

Daß Schiller die Farben beim Lobe des Entschlafenen etwas überdick aufgetragen hat, hat Weltrich I 610 ausführlich dargethan. Der Mann hatte so schwer seine Fehler büßen müssen, daß das Mitleid seine Zeitgenossen für ihn parteinehmen ließ und schon bei seinen Lebzeiten wurde das Ueble, was er gethan hatte, ihm vergessen und vergeben.

Das Gedicht war im Auftrage der sämtlichen herzoglich Württembergischen Generalität von Schiller gedichtet.

V. 5 und 6: Wie ein Blitz im Niedergang entzündet, Schon im Aufgang schwindet.

Vgl. Matth. 24, 27: „Denn gleichwie der Blitz ausgehet im Aufgang und scheinet bis zum Niedergang; also wird auch sein die Zukunf des Menschensohnes".

V. 35: Fallen ab am Tage des Gerichts.

Vgl. der Ausdruck „Tag des Gerichts" ist biblisch. 2. Petr. 2, 9; 3, 7; 1. Joh. 4, 17; 2. Tim. 4, 1; Röm. 2, 16.

V. 40: Das Gewissen brenne flammenrot.

Schiller hat sonst die Form Flammrot Fiesko I 1 und IV 12.

V. 50: Hilft des Höflings Schlangenkunst.

Vgl. Venuswagen 232: „Selbst die Schranken des Geschlechts besieget Unnatürlich ihre Schlangenkunst."

V. 68: Richtet Gott — wie wir?

Vgl. Jesaias 11, 4.

81.

Hochzeitgedicht auf die Verbindung von Henriette [Sturm mit dem Verwalter Schmidt in Waldorf: Januar 1783.]

[Gödeke III 163; Bellermann IX 98.]

Die Braut, der das Hochzeitslied gilt, war eine Pflegetochter der Frau Henriette von Wolzogen. Schiller war wohl selbst bei der Hochzeit zugegen. Vgl. Brief an Henriette v. Wolzogen vom 4. Januar 1783 [Jonas 48].

V. 1: Zum erstenmal nach langer Muße.

Seit ungefähr drei Vierteljahren hatte in der That Schillers Lyrik geruht.

V. 25: Wie mühsam sucht durch Rang und Ahnen
Die leidende Natur sich Bahnen.

Die Notleidendenden finden schwer Eingang bei den durch Geburt oder Beruf Hochstehenden.

V. 35: Bei einer Seele steh' ich lieber, Der die
Empfindung — Ahnen gab.

Ein schönes Leben ist, wie es im V. 41 heißt, der beste Adelsbrief. Vgl. Fiesko III 8:

V. 91: Wenn selbst der Wonne süße Bürde
Dem Einsamen zu lästig würde.
(Auch Lust gesellt sich Helfer bei.)

Der Sinn ist, wenn der Gatte sich auch nach Freunden sehnt, wird deine Teilnahme auch an seinen Freunden ihm erst seines Glückes Fülle vollenden.

V. 102: Die Mutter eines Kinds zu sein.

Vgl. die Verherrlichung der „Mutter mit ihrem Sohn", Braut von Messina 262—276.

V. 123: „Was einer Mutterfreude glich".

Ob der in Anführungsstriche eingeschlossene Vers ein Citat ist, wie Düntzer vermutet, vermag ich nicht zu sagen. Das gleiche gilt von dem Schlußverse des Gedichts.

Bellermann datiert das Gedicht auf den 3. Februar; ich weiß nicht aus welchem Grunde. Brückner [Schiller in Bauernbach 51] meint, das Gedicht müsse nach Frau v. Wolzogens Abreise, d. h. nach dem 24. Januar abgefaßt sein; darauf deuteten die Abschiedsseufzer in V. 118. Aber da ist doch eher an Henriettens Abschied aus dem Hause der Pflegemutter am Hochzeitstage, als an den Termin der Rückreise der Frau v. Wolzogen nach Stuttgart zu denken. Auch ist doch wahrscheinlich, daß Frau v. Wolzogen nicht kurz vor der Hochzeit zurückgereist ist, sondern eben mit der Pflegetochter in Waldorf die Hochzeit gefeiert hat. Jedenfalls ist das Lied vor Anfang Februar gedichtet und hätte bei Bellermann dem Gedicht „Wundersame Historie“ u. s. w. vorangestellt werden müssen.

82.

Wunderseltsame Historia

des berühmten Feldzuges, als welchen Hugo Sanherib, König von Assyrien, ins Land Juda unternehmen wollte. ꝛc. ꝛc.

[Gödeke III 169; Bellermann IX 94.]

Die Erläuterungen des Anlasses zu diesem Gedicht haben Brückner, Düntzer, Minor bereits ausreichend gegeben. Zur Abfassungszeit vgl. Jonas, Schillers Briefe I S. 473. Das Gedicht erschien wesentlich gekürzt und mit Aenderungen von Reinwald am 1. Februar in den Meininger wöchentlichen Nachrichten. In Koburg hielt man den Meininger

Hofprediger Pfranger für den Verfasser, wie ein Antwortgedicht im Koburger Wochenblatt vermuten läßt, das Brückner, Schiller in Bauernbach 64, abgedruckt hat.

V. 17: Zitternd schreibt's mein Kiel.

Vgl. Hochzeitsgedicht 3: „Ergreif' ich meinen Dichterkiel".

V. 26: Das Hifthorn von dem Nacken.

Vgl. Maria Stuart 2134: „Hörst du das Hifthorn".

V. 35: Die Balle Lüge kommt so recht.

Die Form „Die Balle" kann ich sonst nicht belegen. Aber v. Schmid führt in seinem Schwäbischen Wörterbuch das Wort die Bolle gleich Kotklumpen an.

83.

Prolog.

[Gödeke III 175; Bellermann IX 102.]

Das Gedicht stammt nach meiner Meinung aus dem April 1783. Vgl. Jonas, Schillers Briefe I 477. Schiller schrieb es auf Reinwalds Bestellung, ohne das dramatische Kinderstück zu kennen, dem es als Prolog dienen sollte. Der Adressat, an den es sich wendet, ist unbekannt. Vgl. Jonas, Schillers Briefe 66. In dem Prolog ist der Kinderton völlig verfehlt. Ob er als brauchbar befunden worden ist, ist ebenfalls unbekannt.

Der Prolog ist wohl das schwächste Gedicht, das Schillers „Dichterkiele" entflossen ist. Launig genug schrieb er in dem angeführten Begleitbriefe, es sei ihm inmitten der Arbeit an zwei Schauspielen großen Inhalts [Kabale und Liebe und Don Carlos] wunderlich zu Mute gewesen, einen Prolog für Kinderstücke zu schreiben: „nicht anders, als wenn einer aus der Schlacht kommt und Flöhe fangen muß". Und in der That zieht er gegen den Floh in allzu schwerer Rüstung zu Felde. Der Schwulst, mit dem die dramatische Kunst, mit dem Spiegel der Wahrheit als Sinnbild, leutselig in der Kinder Kreis herabsteigt, ist wahrhaft fürchterlich, wie sie „Hervorgewälzt aus ihren Finsternissen, Aus krummen Falten vorgerissen Der Menschheit Ungeheuer schlägt". Zwei Verse hat Schiller einfach aus seinem Hochzeitsgedichte an Henriette Sturms übernommen [V. 22 und 23]. Minor II 399 hat angemerkt, daß V. 25 zu lesen sei: „Sie läßt sich heut mit sanfterm [nicht: seltnem] Lächeln".

84.

Freigeisterei der Leidenschaft.

[Gödeke IV 23; Bellermann I 56.]

Minors Ausführungen II 347 ff. machen wahrscheinlich, daß dieses Gedicht auf seinem Verhältnis zu Charlotte von Kalb beruhe und vermutlich in den Februar 1785 gehöre. Kuno Fischer freilich bestreitet diesen Zusammenhang. Als Charlotte im Trennungsschmerze verriet, mit welcher Leidenschaft sie auch Schiller liebe, und daß sie seinen Umgang nicht zu entbehren wisse, regte sich von neuem in ihm ein gewisser moralischer Zorn, daß sie ihm durch das ihr aufgenötigte Ehebündnis entrissen sei. Selbst im Augenblicke des Abschiedskusses hat er nicht den Mut gehabt, sie zum Bruch ihrer Ehe zu bestimmen, aber er lehnt sich auf gegen einen Gott, dem solche Entsagungsopfer angenehm sein könnten. Bei der Veröffentlichung im Jahre 1786 hat Schiller angeblich auf Körners Rat [Förster, Kunst und Leben 125, vgl. aber Schillers Brief Jonas 148] durch eine Anmerkung sich vor Verkennung zu schützen gesucht, indem er vom Leser die Billigkeit erwartete, er werde die Verzweiflung eines erdichteten Liebhabers nicht für das Glaubensbekenntnis des Dichters ansehen, und in dem Zusatz zur Ueberschrift suchte er jede Bezugnahme auf Charlotte von Kalb abzulenken. Die leidenschaftlich lebendige Ausführung des schweren Kampfes zwischen der Tugend und dem warmen Blute des Dichters vergegenwärtigt uns die innerliche Qual, die ihm das unnatürliche Verhältnis zu Charlotte schuf. Sie liebte den Geist des Dichters; sein geistiges Leben, seinen Genius zu erkennen und sich in ihm zu bespiegeln, war die Wollust, deren sie bedurfte. Der Mutterliebe und Schwesterliebe war sie fähig, die hingebende Liebe der Gattin hat sie wohl nie verstanden. Der Dichter verwünscht ihre Ehe mit Herrn von Kalb, die dem Dichter und Charlotten nur trostloses Entsagen auferlege. Aber als er das Gedicht niederschrieb, war in ihm bereits der Kampf überwunden, und der Entschluß gefaßt, sich loszureißen und nicht im leeren Hinschmachten sich aufzureiben. Eine unnatürliche und geistige Ehe, in die ihn Charlotte gern hätte hineinwinden wollen, verschmähte er. Der Kampf war ihm schwer geworden, ihre Gegenwart hatte ihm Begeisterung und einen Frieden gegeben, den er früher nicht gekannt hatte. Aber im ewigen Entsagen hinzuschleichen und sich in der falschen Religionstugend abzuhärmen, die mit dem Weltschöpfer den Vertrag schließt, daß er im Jenseits die Entsagung lohne, galt ihm für unmännlich und unwürdig, und so gewinnt er die Kraft, durch Trennung seine innere Freiheit und Würde wiederzugewinnen. Es gilt von Schillers Gedichten „Freigeisterei der Leidenschaft" und „Resignation", was Goethe im Hinblick auf den Werther in Dichtung und Wahrheit geschrieben hat: „Ich hatte mich durch diese Komposition mehr als durch jede andere aus einem stürmischen Elemente gerettet, auf dem ich durch eigene und fremde Schuld, durch zufällige und gewählte Lebensweise, durch Vorsatz und Uebereilung, durch Hartnäckigkeit und Nachgeben auf die gewaltsamste Art hin und wieder getrieben worden. Ich fühlte mich wie nach einer Generalbeichte wieder froh und frei und zu einem neuen Leben berechtigt".

Interessant ist es, bei diesen beiden Gedichten auch zu beobachten, wie er selbst da, wo seine Dichtungen aus der Leidenschaft und einem von einer Empfindung übervollen Herzen heraus geboren sind, die Empfindung in Betrachtung umsetzte. „Er forderte" eben nach seiner Eigenart, um mit Humboldt zu sprechen, „von der Dichtung einen tieferen Anteil des Gedankens".

V. 10: Wo ich noch jüngst ein frecher Beter lag.

„Frech" hier gleich „verwegen". Vgl. Das verschleierte Bild zu Sais 65: „Schon will die freche Hand das Heilige berühren"; Kampf mit dem Drachen 49: „Und diese Pflicht — hast du frech verletzt".

V. 15: Mit meinem heißen Blut in unerlaubtem Bunde.

Die Tugend hatte mit seinem heißen Blut einen unerlaubten Bund geschlossen, in der betrügerischen Absicht, den Dichter zu Falle zu bringen und meineidig werden zu lassen. Der Gedanke ist wohl, daß die Göttin den übereilten Eid des sterblichen Menschen, ihr treu bleiben zu wollen, als Ueberhebung auffaßt, als wolle er sein wie die Götter, und ihn darum demütigt.

V. 19: In jenem Wahnwitz will ich meinen Schwur dir halten, Worin ich unbesonnen ihn gethan.

Die Göttin hatte ihn mit Verblendung geschlagen, daß er übermütig der menschlichen Schranken vergaß. Da durchwallten ihn elektrisch die Feuer der Begeisterung und sein tugendhafter Wille erschien ihm als starker Talisman. Jetzt ist dieser Wahn entflogen, der Sinnlichkeit gegenüber hat die Begeisterung keine Macht. Vgl. Jungfrau von Orleans 2610: „Doch du rissest mich ins Leben, In den stolzen Fürstensaal, Mich der Schuld dahinzugeben".

V. 22: Sie liebt mich — Deine Krone sei verscherzt.

Vgl. Jungfrau von Orleans 2588: „Nimm, ich kann sie nicht verdienen, Deine Krone, nimm sie hin".

V. 23: Glückselig, wer in Wonnetrunkenheit begraben.

Aehnlich „freudetrunken" Kabale und Liebe V 1: („stürzt ihr freudetrunken an den Hals"); An die Freude 3: „Wir betreten feuertrunken"; Das Siegesfest 3: „Und die Griechen siegestrunken"; Räuber V 2: „mitten im Wonnewirbel"; ebenda IV 4: „Und ich lag wonneberauscht an seinem Halse".

V. 25: Sie sieht den Wurm an meiner Jugend Blume nagen.

Der Wurm ist die Entsagung.

V. 28: Und großmutsvoll beschließt sie meinen Lohn.

Der Lohn war das Geständnis, daß sie ohne ihn nicht zu leben wisse.

V. 58: Des Zufalls schwere Missethat geweiht ꝛc.

Die ohne Liebe nach dem Willen der Verwandten geschlossene Ehe Charlottens heißt dem Dichter „des Zufalls schwere Missethat", weil sie eben nicht auf der inneren Notwendigkeit göttlicher Bestimmung beruhte. Diese Ehe war Sünde, der Eidbruch (das soll das Wort Meineid V. 62 wohl bedeuten) ist jetzt also eine fromme Pflicht der Reue. Ihm gehörte ihr Herz, das sie vor dem Altar verloren, verspielt hat; das war nicht gottgefällig, denn der Himmel spielt nicht mit Menschenfreuden. Leisewitz, Julius von Tarent II 2: „Deine Gelübde sind Meineid. Kann der zweite Schwur — wieder den ersten entkräften".

V. 67: Die Vorsicht kann den überflüss'gen Geist entraten,
Für den sie keine Seligkeit erfand.

Der Gatte der Geliebten wird zum Vernichtungskampfe geladen; da für ihn keine Seligkeit der Liebe bestimmt war, ist er in der Welt überflüssig und seine Vernichtung berechtigt.

V. 70: Weil du bist, schuf mich Gott.

Der Vers sagt im Gegensatz zu V. 68: für ihn sei Seligkeit vorausbestimmt.

V. 71: Er widerrufe, oder lerne Geister morden.

Düntzer erklärt, er widerrufe seine eigene Bestimmung, d. h. doch wohl den Zweck meines Daseins, dir zu leben. Viehoff deutet, er widerrufe, heiße, er löse des „Zufalls schwere Missethat", den Bund mit deinem Gatten. Dazu paßt der Ausdruck widerrufen nicht, denn Gott hatte diesen Ehebund nicht vorherbestimmt. Düntzers Erklärung ist wohl richtig: er schaffe mich anders, ändere den mir bestimmten Zweck oder vertilge mich und schütze mich vor seines Wurmes Spott, d. h. vor dem Spott der Menschen. Aber mir bleibt die Strophe dunkel. Auch der Zusammenhang mit der folgenden Strophe ist mir nicht klar:

V. 73—76: Sanftmütigster der fühlenden Dämonen,
Zum Wüterich verzerrt dich Menschenwahn?
Dich sollten meine Qualen nur belohnen,
Und diesen Nero beten Menschen an.

Sollte etwa der Spott der Menschen dahingehen, daß sie ihm sagten, ja deine Bestimmung ist eben Entsagung. Damit aber würde der Begriff eines Gottes der Liebe verzerrt. Sollte er sich nur an meinen Qualen weiden wollen, so wäre er nicht ein lieber Vater, sondern ein Tyrann wie Nero.

V. 79: So wucherst du mit deinen Paradiesen,
Mit meinen Thränen machst du dich bezahlt?

Der Jammer einzelner soll dir die Seligkeit anderer bezahlen?

V. 88: Er hat auf immer seinen Lohn dahin.

Ein bittrer Hohn liegt darin, daß die Worte Christi Matth. 6, 2 „Wenn du Almosen giebst, sollst du nicht lassen vor dir posaunen, wie die Heuchler thun, — auf daß sie von den Leuten gepriesen werden. Wahrlich, ich sage dir, sie haben ihren Lohn dahin" hier auf Gott selbst angewandt werden.

85.

Resignation.

Eine Phantasie.

[Gödeke IV 27; Bellermann I 57.]

Was zum vorigen Gedicht einleitend gesagt worden ist, gilt für dieses mit. In seinem Verhältnis zu Charlotte von Kalb hat er nach langem Kampfe (in dem ihn der Gedanke quälte, er sei zur Entsagung bestimmt, die ihm höchstens im Jenseits, und vielleicht auch dort nicht werde gelohnt werden) sich zu der Idee durchgerungen, daß es ein Höheres gäbe als Sinnenglück und Hoffnung auf Belohnung im Jenseits, nämlich die freie Liebe und Aufopferung für die ganze Menschheit, die keines Lohnes und Dankes bedürfe noch begehre. „Es muß eine Tugend geben, die auch ohne den Glauben an Unsterblichkeit auslangt". [Philosophische Briefe, Aufopferung. Gödeke IV 48.] Aus solcher Erkenntnis heraus findet er den Mut, sich von der ihm versagten Geliebten zu trennen und mutig ein neues Leben zu beginnen, und aus ihr heraus verhöhnt er, um sich in jenem Mute zu bestärken, in unserm Gedichte die Zumutung, als solle er um des „Pöbels Paradieses" willen, d. h. um etwaiger Belohnungen willen im Jenseits, hier die Leiden der Entsagung geduldig ertragen. Schiller hat zu diesem Gedichte selbst einen Schlüssel gegeben [vgl. Morgenblatt 1808 Nr. 207; Gödeke XV 1, 419; Zeitschrift für vergleichende Litteraturgeschichte, Neue Folge XII 93]. Er lautet: „Der Inhalt desselben [des Gedichtes Resignation] sind die Aufforderungen eines Menschen an die andre Welt, weil er die Güter der Zeit für die Güter der Ewigkeit hingegeben hat. Um des Lohnes willen, der ihm in der Ewigkeit versprochen wurde, hat er auf Genuß in dieser Welt resigniert. Zu seinem Schrecken findet er, daß er sich in seiner Rechnung betrogen hat, und daß man ihm einen falschen Wechsel an die Ewigkeit gegeben hat".

„So kann und soll es jeder Resignation ergehen, die bloß deswegen ausgeübt wird, weil sie in einem andern Leben gute Zahlung erwartet. Unsere moralischen Pflichten binden uns nicht kontraktmäßig, sondern unbedingt. Tugenden, die bloß gegen Assignation an künftige Güter ausgeübt werden, taugen nichts. Die Tugend hat innere Notwendigkeit, auch wenn es kein anderes Leben gäbe. Das Gedicht ist also nicht gegen die wahre Tugend, sondern nur gegen die Religions-Tugend gerichtet, welche mit dem Weltschöpfer einen Akkord schließt und gute Handlungen auf Interessen ausleiht, und diese interessierte Tugend verdient mit Recht jene strenge Abfertigung des Genius".

Das Gedicht verneint also einfach, daß Entsagung, die

in Berechnung auf künftigen Lohn geübt werde, wirklich belohnt werde. Aber es lehrt nicht, daß man sich darum nur dem sinnlichen Genuß hingeben müsse. Doch wohl erklärlich ist, daß Zeitgenossen und Spätere, die im strengen Kirchenglauben befangen waren oder sind, Aergernis daran genommen haben. [Vergl. den angezogenen Artikel im Morgenblatt; C. F. Benkowitz in Archenholtz' Neue Litteratur- und Völkerkunde 1790 II 577, wiederabgedruckt bei Braun, Schiller im Urteil ihrer Zeitgenossen I 284; und das Buch eines mir unbekannten, maßlos befangenen Verfassers Klopstock und Schiller, Ellwangen u. Gmünd 1821, S. 1.] Sie hatten eben das Gedicht nicht verstanden, und daß es in der That im ganzen und in Einzelheiten schwer zu verstehen ist, muß anerkannt werden. Aber man vergegenwärtige sich, daß Schiller, gerade als er Entsagung übte, in der „Freigeisterei der Leidenschaft" den Kampf darstellte, den sie ihn gekostet, und in der „Resignation" die Motive zurückwies, aus denen kleinere Seelen geduldiges Ertragen der Leiden dieser Zeit sich zu erleichtern suchten.

V. 1: Auch ich war in Arkadien geboren.

Der als geflügeltes Wort in Schillers Zeit weit verbreitete Spruch: Et in Arcadia ego [vgl. Büchmann, Geflügelte Worte] zuerst nachgewiesen als Unterschrift unter ein Bild des Malers Schidone [gest. 1615], ist aber wohl sicher älteren Ursprungs. Er war nach Herder „die Grabschrift aller Lebendigen in der sich immer verwandelnden, wiedergebärenden Schöpfung".

V. 6: Des Lebens Mai blüht einmal und nicht wieder.

Der Ausdruck „des Lebens Mai" findet sich schon bei Wieland, Agathon Bd. I 4, 2. Vgl. Haller, Sehnsucht nach dem Vaterlande 10: „Lenz des Lebens".

V. 8: Der stille Gott.

Kabale und Liebe V 1: „es ist [der Tod] ein stiller dienstbarer Genius".

V. 10: Und die Erscheinung flieht.

Erscheinung gleich Leben. Vgl. Das Ideal und das Leben 145: „und des Erdenlebens Schweres Traumbild sinkt".

V. 11: Da steh' ich nun auf deiner finstern Brücke.

Vgl. Cabale und Liebe V 1: „Willst du es darauf ankommen lassen, daß dein treuloses Gaukelbild auf der schrecklichen Brücke zwischen Zeit und Ewigkeit von dir weiche". Brief an Körner vom 22. Februar 1785 [Jonas 125]: „jener Kupferstich ist finster wie die Ewigkeit".

V. 13: Empfange meinen Vollmachtsbrief zum Glücke.

Vgl. Kabale und Liebe IV 7: „Ich hatte meinen ewigen Anspruch auf die Freuden der Welt zerrissen".

V. 27: Hier endige des Dulders Bahn.

Vgl. An die Freude 55: „Zu der Tugend steilem Hügel Leitet sie des Dulders Bahn".

V. 44: Wenn Erd und Himmel trümmernd auseinander fliegen.

Vgl. Phantasie an Laura 22: „Trümmernd auseinander springt das All".

Die ganze Strophe V. 41—45 ließ Schiller später fort. Sie stimmt nicht recht zu Strophe 3. Hier ist das Weltgericht erst am jüngsten Tage. In Strophe 3 wird es unmittelbar nach dem Tode des einzelnen gedacht. Aber Strophe 16 gewinnt an Bedeutung, wenn unsre Strophe vorangegangen ist. Der Gedankeninhalt ist wohl der: Du siehst, wie in der Zeit alles vergeht und verwelkt. Aber daran erst erkenne den erfüllten Schwur, daß einst diese Zeitlichkeit, diese Welt überhaupt in Trümmer geht; dann folgt das Gericht.

V. 52: Vor einem Wahn, den nur Verjährung weiht.

Dem nur sein Alter Ansehn giebt. Vgl. An Körner zu seiner Hochzeit 10: „Was die Meinung weihet"; Die unüberwindliche Flotte 9: „Den stolzen Namen weiht der Schrecken."

V. 56 u. 57:

Ein Gaukelspiel ohnmächtigen Gewürmen
Von mächtigen gegönnt.

Der Ausdruck „von mächtigen Gewürmen" für Fürsten echt schillerisch. In der Thalia stand Vom Mächtigen, im Druckfehlerverzeichnis aber ist die richtige Lesart nachgetragen.

V. 60: Wo des Gesetzes Fackel dunkel brennt.

Der Sinn ist, wo das Strafrecht nicht genügend schreckt, soll das Weltgericht als Schreckfeuer dienen und die geängstigte Phantasie bestürmen.

V. 61: Wie heißt die Zukunft, die uns Gräber decken?

Vgl. zu dem Gedanken über das Erhabene [Gödeke X 225]: „Er [der Verstand] will haben, daß in dem großen Weltlaufe alles wie in einer guten Wirtschaft geordnet sei, und vermißt er, wie es wohl nicht anders sein kann, die Gesetzmäßigkeit, so bleibt ihm nichts anderes übrig, als von einer künftigen Existenz und von einer andern Natur die Befriedigung zu erwarten, die ihm die gegenwärtige und vergangene schuldig bleibt". [Auf diese Stelle verwies eine Randbemerkung Borbergers.]

V. 66: Ein Lügenbild lebendiger Gestalten ꝛc. ꝛc.

Unser Leichnam wird durch den Balsamgeist der Hoffnung in dem Grabe als Mumie hingehalten — das ist doch ein Lügenbild lebendiger Gestalten, und das nennst du Unsterblichkeit? Und diese Hoffnung straft doch die Verwesung des Körpers schon Lügen.

V. 74: Kam je ein Leichnam aus der Gruft gestiegen.

Viehoff vergleicht treffend Geisterseher 4. Brief des Barons F. an den Grafen O: „Eine tiefe Stille herrscht hinter dieser Decke; keiner, der einmal dahinter ist, antwortet hinter ihr hervor".

V. 89: Zwei Blumen blühen für den weisen Finder.

Man kann Glück finden im Sinnengenuß und ein anderes Glück im Seelenfrieden, in der Hoffnung, im idealen Streben. Aber beide schließen sich aus. Der den Seelenfrieden sucht, muß nicht ein jenseitiges Sinnenglück als Lohn erwarten. Vgl. Das Ideal und das Leben 7: „Zwischen Sinnenglück und Seelenfrieden bleibt dem Menschen nur die bange Wahl". Sie schließen sich aus, damit ist aber gar nicht entschieden, daß sie gleichwertig sind. Wer das Sinnenglück erwählt, geht klanglos zum Orkus hinab, wer an die ewige Macht des Geistes glaubt, lebt ewig im Ganzen fort. Hast du die Blume des Geistesglückes erwählt, so hast du deinen Lohn in dir, so begehre nun also auch im Jenseits nicht noch Sinnenglück. Der weise Finder aber findet unter den zwei Blumen die schönere, die dauernd blühende.

V. 95: Die Weltgeschichte ist das Weltgericht.

Das eigene Thun der Menschen, wie es die Weltgeschichte verzeichnet, ist das Weltgericht. Hier wird entschieden, ob der Mensch in seinen Thaten fortlebt. Vgl. Arndts kleine Schriften, 349: „Die Geschichte ist das Weltgericht der Völker".

V. 96: Du hast gehofft, dein Lohn ist abgetragen.

Vgl. Räuber V 1: „Ich weiß wohl, daß derjenige auf Ewigkeit hofft, der hier zu kurz gekommen ist; aber er wird garstig betrogen".

V. 99: Was man von der Minute ausgeschlagen
Giebt keine Ewigkeit zurück.

Ich verstehe die Worte so: Was immer von der Minute, d. h. welchen Teil immer der Zeit man ungenutzt gelassen hat, Sinnenglück zu genießen, das giebt einem keine Ewigkeit zurück. Sinnenglück gehört nur der Zeitlichkeit im Diesseits an. Das hätten dir deine Weisen sagen können.

86.

Unserm teuren Körner. Am 2. Julius 1785.

[Gödeke IV 6. Bellermann IX 103.]

Am 1. Juli 1785 waren Schiller, Huber und Göschen von Leipzig aus mit Körner aus Dresden in Rahnsdorf zusammengetroffen. Die drei Leipziger Freunde fuhren am nächsten Tage früh zurück. Das Gespräch führte sie auf Entwürfe für die Zukunft, und Schillers Herz wurde warm. Er fühlte die kühne Anlage seiner Kräfte, das mißlungene [vielleicht große] Vorhaben der Natur mit ihm. Eine Hälfte seines bisherigen Lebens sei durch die wahnsinnige Methode seiner Erziehung und durch die Mißlaune seines Schicksals, die zweite und größere aber durch ihn selber vernichtet. In feuriger Gärung seiner Gefühle vereinigten sich jetzt Herz und Kopf in ihm zu dem herkulischen Gelübde, die Vergangenheit nachzuholen und den edlen Wettlauf zum höchsten Ziel von vorn anzufangen. Sein Gefühl war beredt und teilte sich den andern elektrisch mit. Jetzt trat auch unwillkürlich Körners Name auf Schillers Lippen, und in allen erwachte der Entschluß, in ihrem Freundschaftsbunde einer den andern wechselsweise zum Ziele fortzureißen, und nicht stille zu halten bis an die Grenze, wo die menschlichen Größen enden. Als das Gespräch diese Wendung genommen hatten, stiegen sie aus, um in einer Schenke ein Frühstück einzunehmen. Man trank beim Weine Körners Gesundheit und die Stimmung war feierliche Andacht, und jeder suchte vergeblich Thränen in den Augen zu ersticken. Göschen bekannte, er fühle das Glas Wein noch in jedem Gliede brennen, Huber gestand mit feuerrotem Gesicht, so gut habe er noch keinen Wein gefunden, und Schiller hörte im Geiste die Orgel tönen, stand vor dem Altar und dachte sich die Einsetzung des Abendmahls: „dieses thut, so oft ihrs trinket, zu meinem Gedächtnis". Erst jetzt fiel ihnen ein, daß es gerade Körners Geburtstag sei, den sie so heilig gefeiert hatten. [Vgl. Schillers Brief an Körner vom 3. Juli 1785. Jonas 133.] Zur Nachfeier des Tages soll Schiller einige Tage später Körners Braut unser Gedicht zur Uebermittlung an Körner zugesandt haben, das Göschen sauber auf farbigem Papier hatte abdrucken lassen. [Fr. Förster, Kunst und Leben 119.] Ein solcher Abdruck hat sich nicht erhalten.

V. 8: Groß und trefflich, wie der Sieben einer, die am Throne dienen, schwebt er her.

Vgl. Offenb. Joh. 1, 4: „Gnade sei mit euch und Friede von dem, der da ist, und der da war, und der da kommt, und von den sieben Geistern, die da sind vor seinem Stuhl".

V. 16: Unsre Mutter — Ewigkeit.

Die Ewigkeit Mutter der Tage, Mutter der Zeit genannt. In der Phantasie an Laura 57 heißt sie die Braut des Saturnus.

V. 34: Schon ein neuer, schönrer Morgen auf.

Der Morgen des Hochzeitstages.

V. 44: Wir fühlen, daß du unser bist.

Er ist die Seligkeit und der Stolz der Freundschaft, zu wissen, daß der Freund unser ist. Vgl. Goethe, Epilog zu Schillers Glocke: „denn er war unser".

Möglich wäre, daß das Gedicht auch die Ueberschrift „An Deinem Geburtstage" führte und unter dieser Körner es in seinem Brief an Schiller vom 11. Mai 1793 dem Dichter zur Aufnahme in die damals beabsichtigte Sammlung seiner Gedichte empfohlen hat.

Sonst könnte man unter dieser Ueberschrift nur noch an das Gedicht „An Chloes Geburtstag" denken.

87.

An Körner.

[Gödeke IV 8; Bellermann IX 105.]

Das Gedicht wurde Körner zum Hochzeitstage am 7. August 1785 überreicht:

V. 2: Heil zum ew'gen Bunde!

Vgl. Lied an die Glocke 91: „Drum prüfe, wer sich ewig bindet".

V. 10: Was die Meinung weihet.

Meinung ist die allgemeine, die öffentliche Meinung.

V. 19: Der Gewohnheit Kettenklang.

Gewohnheit hier die ererbten üblichen Ansichten der Menge, die uns wie eine Kette fesseln. Vgl. die Stelle Wallensteins Tod 212 ff.: „Und die Gewohnheit nennt er seine Amme. Weh dem, der an den würdig alten Hausrat Ihm rührt, das teure Erbstück seiner Ahnen".

V. 34: Kästchen zum Vexieren.

Es schweben dem Dichter wohl die Vexier-Kästchen in Shakespeares „Kaufmann von Venedig“ vor.

V. 40: Die Juwele liegen.

Schon Adelung sagt, daß einige das Femininum „Die Juwele“ gebrauchen.

V. 139: Lüste würgen im Genuß.

Würgen intransitiv gleich sich zu Tode würgen, sterben, weiß ich sonst nicht zu belegen.

Schöner als dieses Gedicht war eine Prosadichtung zu demselben Tage als Begleitschrift zu einem Paar Urnen, die der Dichter dem jungen Paare schenkte. [Vgl. Jonas, Schillers Briefe 135.] Nach Friedrich Förster, Kunst und Leben 121, hätte Schiller ferner zu diesem Hochzeitsfeste, das vermutlich in Leipzig gefeiert wurde, an Körners Frau auch sein Lied An die Freude überreicht. Auch Karoline von Wolzogen sagt in ihrer Biographie Schillers, das Lied sei in Gohlis gedichtet; die Möglichkeit kann ich nicht bestreiten, aber wahrscheinlich ist diese Datierung nicht. Erst Ende November hat Schiller das Lied an Göschen zum Abdruck geschickt. Ich möchte daher seine Entstehung mit Minor, dessen Ausführungen über dieses Lied mir überhaupt sehr treffend erscheinen, erst in den Oktober oder November 1785 setzen. Vgl. auch Urlichs Briefe an Sch. 24.

88.

An die Freude.

[Gödeke IV 1; Bellermann I 61.]

Ueber die Entstehungszeit habe ich unter Nr. 87 gesprochen. Vom ästhetischen Standpunkt aus hat Schiller das Gedicht im Briefe an Körner vom 21. Okt. 1800 [Jonas

1634] als ein schlechtes verurteilt, das nur deshalb die Ehre erhalten, gewissermaßen ein Volksgedicht zu werden, weil es einem fehlerhaften Geschmack der Zeit entgegengekommen sei. Ich verkenne die Fehler des Gedichtes nicht, aber nur dem fehlerhaften Zeitgeschmacke verdankt es seine Volkstümlichkeit doch nicht. Es lebt in ihm der ideale Geist der Jugend, der gerade im Taumel der Freude die ganze Welt zur Teilnahme mit sich reißen möchte. Und wie verschieden der Geschmack unserer Zeit von dem der Sturm- und Drangzeit ist, das Gedicht behält seine Bedeutung für unsere Zeit und für die Zukunft. Die Freude ist die Quelle aller guten Empfindungen, der Götterfunken, der die ganze Schöpfung belebt und den Menschen die Güte Gottes empfinden läßt: das ist in kurzem der Inhalt.

In einem Brief an Göschen gegen Anfang Dezember 1785 [Jonas 146] schreibt Schiller über die beiden Gedichte „Freigeisterei der Leidenschaft" und „Resignation": „Es ist möglich, daß die Censur Anstand nehmen kann, sie passieren zu lassen, und ich habe sehr wichtige Gründe, diese zwei Gedichte bekannt zu machen, weil ich sie in einem andern gänzlich widerlege". Sollte hier das Lied „An die Freude" gemeint sein? In jenen beiden Gedichten führt die freudlose Entsagung zum Zweifel an Gottes Güte, hier folgert er aus der Freude jeder Art, auch aus der Hoffnungsfreude des Dulders, das Walten Gottes über den Sternen, der alle Wesen liebt, und den Menschen Belohnung und Vergebung gewähren wird. In der That klingt ja die Strophe:

„Duldet mutig, Millionen!
Duldet für die beſſ're Welt!
Droben überm Sternenzelt
Wird ein großer Gott belohnen"!

geradezu wie die Widerlegung oder wie die Aufhebung des Verses aus der „Resignation": „Du hast gehofft, dein Lohn ist abgetragen". Aber das Lied an die Freude schickte Schiller freilich schon am 29. Nov. an Göschen, der also die Widerlegung der nachträglich eingesandten Gedichte schon kannte. Und doch weiß ich wieder nicht, welches andere Gedicht als Widerlegung der Freigeisterei und der Resignation gemeint sein könnte. Möglich ist immer, daß gerade der Freudenhymnus Schiller ermutigte, die beiden älteren leicht zu mißdeutenden Gedichte, die dieser gewissermaßen widerlegte, gleichzeitig drucken zu lassen.

Das Lied ist in neuerer Zeit noch mehrfach kommentiert, so von Kirchner in Lyons Zeitschr. f. d. deutschen Unterricht I 20 f. und von Hugo Hildebrand ebenda III 351. Ich trage nur einzelnes nach.

Schön ist die Bezeichnung des ganzen Liedes in einem Briefe von Karl Graß an Schiller aus dem Jahre 1795 [Charl. v. Schiller III 138]: „Es [mein Lied an die Liebe] ist mir wert, weil es aus Gefühlen entsprungen ist, die Ihr Lied an die Freude, das immer mein großes Halleluja war und so oft mich beruhigte und erhob, in mir hervorrief".

V. 3: Zu feuertrunken

vgl. Don Carlos 141: „Verzeih' dem Freudetrunknen"; Julius von Tarant IV 3: „Macht dich der Gedanke nicht wonnetrunken"?

V. 6: Was der Mode Schwert geteilt.

Die Mode zerreißt die natürlichen Bande, die alle Menschen verknüpfen, daher wird ihr ein Schwert zuerkannt. Vgl. auch Brief an Körner vom 10. Febr. 1785 [Jonas 125]: „Gewissen Menschen hat die Natur die langweilige Umzäunung der Mode niedergerissen"; Kabale und Liebe II 3: „Mein Entschluß und das Vorurteil! — Wir wollen sehen, ob die Mode oder die Menschheit auf dem Platze bleiben wird"; Prolog am 8. Nov. 1787 I 4: „Was Mode, Zwang und Schicksal schied"!

V. 9: Wem der große Wurf gelungen.

Vgl. Don Carlos 750: „Jetzt ist der Wurf gefallen"; ebenda: „ein gewagter Wurf"; Fiesko V 12: „Genueser, der Wurf ist geworfen"; ebenda IV 14: „Im Wurf der Verzweiflung".

V. 17: Ja — wer auch nur eine Seele
Sein nennt auf dem Erdenrund.

Nach Palleske, Charlotte. Gedenkblätter von Charlotte von Kalb S. 142, hätte Schiller schon am Tage des Abschieds von Charlotte die Worte gesprochen: „Wir fühlen beide; wer eine Seele sein nennt auf dem Erdenrund, der scheidet nie".

V. 26: An den Brüsten der Natur.

Cabale und Liebe II 1: „an den Brüsten der Majestät". Wallensteins Tod 2112: „an meiner Liebe Brüsten"; Carlos (Thalia) I 1: „an des Glückes Brüsten".

V. 28: Folgen ihrer Rosenspur.

Vgl. Don Carlos 1122: „Der Jugend Rosenbahn"; Triumph der Liebe 136: „Düftet ihre Blumenspur".

V. 35 u. 36: Such' ihn überm Sternenzelt,
Ueber Sternen muß er wohnen.

Vgl. Gleim, Siegeslied nach der Schlacht bei Prag 7: „Und sieht nun unser Siegesheer Vom hohen Sternenzelt"; Räuber V 1: „Richtet droben einer über den Sternen"; ebenda: „taub ist's droben über den Sternen".

V. 37: Freude heißt die starke Feder.

Vgl. Leisewitz, Julius von Tarent III 3: „Liebe ist die große Feder in dieser Maschine".

V. 79: Laßt den Schaum zum Himmel spritzen.

Die Kommentatoren denken an eine Libation. Ich habe darin immer nur das Sinnbild der zum Himmel aufsprudelnden Freude gesehen, wie das Schäumen des Champagners wohl stets empfunden wird. Ob Schiller nun gerade an Champagner gedacht hat, kann fraglich erscheinen, zumal vom Römer, dem Glase für den Rheinwein, gesprochen wird. Ich aber glaube, daß er eher hier die Bedeutung des Römers verallgemeinert, als den Schaum des Champagners allgemein auf den verdüftenden Geist des Weins übertragen hat. Sein Freund Kunze schrieb ihm auch, wohl in der Annahme, daß zu diesem sprudelnden Liede Champagner sich am besten schicke, als er das Lied erhalten hatte: „Eine Flasche champagner de la première Qualité behältst du übrigens bei mir gut".

Eine hübsche Zusammenstellung von Zeugnissen der Begeisterung, die das Lied „An die Freude" geweckt hat, enthält die Festschrift des Lehrerkollegiums in Zittau: Zur Gedächtnisfeier für den Senator Just 1894. Der Verfasser der kleinen Abhandlung ist L. Klötzer.

89.

In Körners Exemplar der Anthologie.

[Gödeke IV 16; Bellermann I 66.]

Ihr waret nur für wenige gesungen,
Und wenige verstanden euch.
Heil euch! Ihr habt das schönste Band geschlungen,
Mein schönster Lorbeer ist durch euch errungen.
Die Ewigkeit vergesse euch.

Derselbe Gedanke kehrt wieder in Schillers Gedicht Abschied vom Leser: „Nicht länger wollen diese Lieder leben, Als bis ihr Klang ein fühlend Herz erfreut — Zur fernen Nachwelt wollen sie nicht schweben, Sie tönten, sie verhallen in der Zeit".

Die Widmung ist undatiert und trägt nur die Jahreszahl 1785. Vermutlich aber stammt sie aus der ersten Zeit der Freundschaft mit Körner. Daß Körner schon vor der persönlichen Bekanntschaft mit Schiller die Anthologie gekannt hat, läßt sich meines Wissens nicht nachweisen.

V. 4: Mein schönster Lorbeer ꝛc.

Vgl. Philipp II. nach Mercier [Gödeke IV 97]: „Ihr schönster Lorbeer in den Augen der Nachwelt".

90.

Bittschrift.

[Gödeke IV 17; Bellermann I 64.]

Ueber die Veranlassung zu diesem launigen Gedicht vgl. Gödeke IV 19 und Fr. Förster, Kunst und Leben 77.

V. 2: Die Tabaksdose ledig.

Daß Schiller ein eifriger Schnupfer war, geht schon aus den Briefen an Reinwald vom Jahre 1782 und 1783 hervor.

V. 22: Und — siehe da — belausche
Die junge Fürstin Eboli.

Der Teil des Don Carlos, in dem die Scene zwischen Carlos und der Eboli ausgeführt ist, wurde im ersten Quartal 1786 im dritten Heft der Thalia gedruckt. Das Gedicht kann früher, schwerlich viel später gedichtet worden sein.

91.

Ein Wechselgesang.

[Bellermann IX 110.]

Das Gedicht ist handschriftlich erst im Jahre 1893 bei der Auktion der Autographensammlung des Grafen Paar bekannt geworden und als Geschenk des Großherzogs von Sachsen-Weimar dem Goethe-Schiller-Archiv zu Weimar überwiesen worden. Suphan hat es zuerst in der Vierteljahrsschrift f. Litteraturgeschichte VI 608 veröffentlicht. Die Handschrift trägt von der Hand der Frau Körner die Beglaubigung, daß es ein eigenhändig geschriebenes Jugendgedicht Schillers sei. Suphan vermutet, es sei für Körner und seine Frau zum Gesange gedichtet. Daß diese öfters gemeinsam sangen, ist verbürgt. Vgl. Urlichs Briefe an Schiller S. 35. Aber ob das Gedicht gerade für Körners gedichtet war, oder ob es als Einlage oder freie Bearbeitung eines älteren Textes oder als freie Uebersetzung für eine Oper oder ein Singspiel gedichtet war, etwa auf Bestellung eines der Dresdener musikalischen Freunde, Naumanns oder Neumanns, bleibt ungewiß. Es fehlt an jedem äußeren Anhalt. Die vier letzten Zeilen des Gedichts sind in der Handschrift mehrfach durchstrichen. Dafür sollte wohl die vorher schon zweimal wiederkehrende Duettstrophe zum dritten Male eintreten. Das Gedicht gehört zu der großen Zahl der Wechselgesänge im Tone des Horazischen: Donec gratus eram tibi. Vgl. Imelmann, Donec gratus eram tibi. Nachdichtungen und Nachklänge aus drei Jahrhunderten. Berlin 1899. Die Namen der Liebenden, Delia und Leontes, sind vielleicht aus einer Oper entnommen. Daß Schiller sie aus Tibulls Elegieen und Shakespeares Wintermärchen, wie Suphan vermutet, sich der gefälligen Aussprache wegen zusammengelesen habe, scheint mir nicht wahrscheinlich. Leontes spricht sich auch gar nicht besonders gefällig aus.

V. 1: Delia — Mein dich zu fühlen.

Vgl. Fiesko I 1: Leonore (begeistert): „Und nun Mein ihn zu nennen"!

V. 2: Mein durch ein ewiges Band.

Lied an die Glocke 91: „Drum prüfe, wer sich ewig bindet"; An Körner 2: „Heil zum ewgen Bunde!"

V. 4: Gönn' ich den dürftigen Tand.

D. h. den dürftigen Tand ihrer vermeintlichen Hoheit; mein Glück und Stolz sind höher.

V. 13: Einmal nur kann ich mich schenken.

Suphan verweist auf Xenion 588: „Einmal sollst du dich nur und nur Einem, o Schöne, dich schenken, wie die Blume der Scham Einer und einmal nur pflückt". Ob darum dies Xenion, wie Suphan schließt, sicher Schiller angehöre, bleibt mir bei dem nicht gerade entlegenen Gedanken unsicher. Vgl. Don Carlos 1785: „Ich schenke nur einmal, aber ewig"; Leisewitz, Julius von Tarent II 2: „Der Mensch wird nur einmal geboren und liebt nur einmal".

V. 24: Liebe dies Mädchen. Ich schuf.

Vgl. Schiller, Auf Chloes Geburtstag: „Ich schuf, und da wardst du".

V. 26: Bleibt meine Gottheit verhüllt.

Bellermann liest fälschlich „meine Göttin". Das ist eben nur ein Druckfehler. Die Gottheit, die den himmlischen Ruf an Körner ergehen läßt, will sagen: meine Gottheit ist den sündigen Sterblichen verhüllt, willst du mich, den Ewigen, finden, suche mich in Delia, diesem bescheidenen, unschuldigen Wesen, in dem sich mein Himmelreich spiegelt.

V. 41:

Auffallend ist, daß hier in gewechselter Folge erst Delia, dann Leontes spricht. Auch ist in den letzten zwei

Wechselstrophen nicht so streng, wie in den vier ersten, der Parallelismus der Gedanken beibehalten.

V. 53: Pfeile, die fern auf mich zielen,
Wehrt deine Liebe zurück.

Pfeile, d. h. wohl Gefahren, die mir von fern drohen und mich irgendwie in die Sünde hineinlocken könnten, wehrt deine Liebe, die mich festhält, ab.

V. 57:
Froh und harmonisch und spiegelhell fließen,
Fließen uns Tage und Stunden dahin.

Daß diese Verse an den Anfang des Gedichts „Das Ideal und das Leben" anklingen, hat Suphan auch bereits angemerkt.

92.

Zwei Lieder.

1.

[Gödeke IV 21; Bellermann IX 213.]

Bellermann will das Lied, das erst nach Schillers Tod im Taschenbuch für Damen 1809 gedruckt worden ist, Schiller nach Form und Inhalt nicht zusprechen. Auch Minor vermißt echt Schillerischen Charakter, nur die letzte Strophe „möchte man allenfalls Schiller zuschreiben". Gödeke hat es unter die echten Gedichte Schillers aufgenommen. Nach meinem Gefühl spricht nichts gegen Schillers Autorschaft. In einem Brief an Huber vom 17. Mai 1786 [Jonas 164] schrieb Schiller, daß er „gestern" zwei Arien und ein Terzett zu einer Operette gemacht habe; sie seien gewiß schlecht. „Indes wird es eine Oper unter dem Frisieren, und ich thue es mit Absicht, um — schmieren zu lernen". Eins dieser Lieder kann unser Lied gewesen sein. So schlecht finde ich es übrigens nicht.

V. 1: Es ist so angenehm, so süß
Um einen lieben Mann zu spielen.

Vgl. Hochzeitsgedicht für Henriette Sturm 67: „Wie göttlich süß ist das Vergnügen, Ans Herz des Gatten sich zu schmiegen".

V. 4: Des Mannes Feuerkuß zu fühlen.

Vgl. Don Carlos 1719: „Und Feuerküsse regnen auf den Marmor".

2.

[Gödeke IV 350; Bellermann IX 214.]

Hier ist mir die Echtheit zweifelhafter. Aber einen Grund gegen Schillers Autorschaft weiß ich auch nicht. Warum Bellermann beide Lieder in das Jahr 1787 setzt, weiß ich nicht. Sind sie von Schiller, so werden sie vermutlich die Lieder der Operette sein, die Schiller am 16. Mai 1786 gedichtet hat.

93.

H. v. T. ins Stammbuch.

[Gödeke IV 20; Bellermann IX 112.]

Der Besitzer oder die Besitzerin des Stammbuchs ist nicht bekannt, auch die Entstehungszeit ist nicht sicher.

V. 1: Hier, wo deine Freundschaft guten Menschen.

Der Reim Wünschen in V. 3 auf Menschen findet sich bei Schiller auch in der Leichenphantasie 38.

V. 2: Ihre bessern Schätze aufgehäuft.

Im Stammbuch hat deine Freundschaft ihre bessern Schätze, die Zeugnisse des Wohlwollens der Freunde, aufgehäuft; aber was soll nun der Dativ guten Menschen? Sollte Schiller geschrieben haben „Deine Freundschaft guter Menschen" gleich mit guten Menschen?

V. 11: Und wir sammeln für den Traum des Lebens.

Traum des Lebens hier als Bild des flüchtigen Vorübereilens.

V. 13: Diese Habsucht würdig schöner Seelen.

Die Habsucht nach einer möglichst großen Zahl von Freunden.

94.

Die unüberwindliche Flotte.

[Gödeke IV 110; Bellermann I 66.]

Schiller hat in einer Anmerkung des ersten Drucks in der Thalia hinzugefügt: „Diese merkwürdige Begebenheit hat ein Dichter jener Zeit in folgender Ode besungen", und in der Sammlung seiner Gedichte zur Ueberschrift den Zusatz gemacht: „Nach einem älteren Dichter". In Manchots trefflicher Schrift über Martin Crugot, Bremen 1886, ist wahrscheinlich gemacht, daß, wie schon Gödeke und Düntzer erwiesen hatten, Schillers Quelle Mercier gewesen ist, und daß Mercier wiederum eine französische Uebersetzung von Crugots „Christ in der Einsamkeit" benutzt hatte. Schon Mercier sagte freilich, ein Poet sei seine Quelle. Hier könnte er ja Crugot gemeint haben. Da aber Schiller von einem Dichter der Zeit Philipps oder von einem „älteren" Dichter redet, bleibt die Frage offen, ob etwa Schiller doch ein älteres Gedicht gekannt hat, das dann vielleicht auch Merciers und Crugots Quelle für diesen Abschnitt gewesen ist. Die Frage nach der Quelle Crugots hat Manchot überhaupt nicht aufgeworfen. Ehe diese Frage aber nicht beantwortet wird, läßt sich auch nicht sicher sagen, ob Schiller indirekt durch Vermittlung Merciers auf Crugot oder etwa auf Crugots und Merciers Quelle zurückzuführen ist. Eine andere hier nicht gerade hergehörige Frage, die Manchot angeregt hat [S. 39], harrt auch noch der sicheren Lösung, ob nämlich der Aufsatz Merciers in der Thalia über Philipp, dem Schillers Lied „Die unüberwindliche Flotte" eingefügt war, von Schiller übersetzt ist oder von einem anderen. Der Stil scheint für Schiller zu sprechen, aber eine vollständige Uebersetzung des ganzen Werkes Merciers über Philipp II., die 1788 bei Siegert, Liegnitz und Leipzig, erschienen ist, läßt nach einer Note des Uebersetzers wie nach einer Notiz in der Allgem. deutschen Bibliothek, Bd. 95, S. 233 darauf schließen, daß der Herausgeber auch der Uebersetzer des in der Thalia gegebenen Stückes sei. Weder Minor noch Kükelhaus in Bellermanns Ausgabe XIV gehen auf die Frage, wer der Verfasser der Liegnitz-Leipziger Ausgabe sei, näher ein. Wahrscheinlich ist ja, daß der Uebersetzer Merciers in dieser Ausgabe Schillers Abschnitt in der Thalia eben nur übernommen hat, aber es bleibt doch auch möglich, wie Manchot annimmt, daß auch der Abschnitt in der Thalia nicht von Schiller selbst herrührt, er ihn vielleicht nur überarbeitet und das Gedicht ihm beigefügt hat. In Schillers Werke ist der Abschnitt aus der Thalia zuerst von Gödeke aufgenommen worden, nachdem schon Hoffmeister in den Supplementen Schillers Autorschaft angenommen hatte.

V. 4: Und tausend Donnern naht sie dir.

Das Wort „dir" findet erst in V. 16 ꝛc. seine Erklärung.

V. 5: Ein schwimmend Heer furchtbarer Citadellen.

Crugot hat: „das furchtbare Heer schwimmender Schlösser", Mercier liest: „une armée de châteaux flottans".

V. 9 u. 10: Den stolzen Namen weiht
Der Schrecken, den sie um sich speit.

Mercier schreibt: „et la terreur qu'elle inspire, consacre ce nom", Crugot: „sie heißt es dem Ansehn nach mit Recht".

V. 11 u. 12: Mit majestätisch stillem Schritte
Trägt seine Last der zitternde Neptun.

Grammatisch ist hier V. 11 nur auf Neptun zu beziehen. Gemeint ist doch wohl aber, daß die Flotte mit majestätisch stillem Schritte schreitet. So hat auch Crugot: „Mächtige Winde befördern nur langsam ihren Gang" und Mercier schreibt: „l'Océan qui tremble sous son poids, parait obéir à sa marche lente et majestueuse".

V. 17: Dir drohen diese Gallionenheere.

Der Ausdruck Gallionen, der namentlich in Spanien für große Kriegsschiffe gebräuchlich war, findet sich an unsrer Stelle weder bei Mercier noch bei Crugot.

V. 19: Weh deinem freigebornen Volke.

Vgl. Cabale und Liebe II 3: „Die freigeborne Tochter der freisten Volkes der Erde".

V. 21: Die hier beginnende Strophe führt freier und breiter das Lob Englands aus, als Mercier und Crugot. Natürlich ist nicht ausgeschlossen, daß Schiller diese Ausführung frei aus sich hinzugefügt hat, möglich wäre aber auch, daß ihm hier noch eine andere Quelle Stoff und Anregung geboten hat. Die magna charta ist z. B. bei Mercier und Crugot nicht genannt. Dasselbe gilt V. 39 von der Löwenflagge, V. 41 von dem Ausdruck Albion und von dem ganzen Selbstgespräch Gottes. Ich meine, diese Abweichungen erklären sich zur Genüge daraus, daß Schiller eben nicht bloß der Form nach ungebundene Rede in gebundene Rede umsetzte, sondern dem Geiste nach Prosa in Poesie verwandelte, die Darstellung durch Handlung und Bilder belebte. Aber möglich bleibt natürlich, daß ein älteres Gedicht auch schon einzelne der Züge enthalten habe. Ich würde an eine andere Quelle als Mercier nicht denken, wenn nicht Schiller selbst so bestimmt gesagt hätte: „Diese merkwürdige Begebenheit hat ein Dichter jener Zeit in folgender Ode besungen", wo Mercier nur allgemeiner schreibt: „voici de quelle manière un poète a peint cet événement". Aber auch hier ist wiederum möglich, daß Schiller einfach aus dem Zusammenhange geschlossen hat, der poète Merciers werde ein Dichter jener Zeit der Armada gewesen sein. Immerhin ist zunächst noch die Quelle des Mercierschen Aufsatzes aufzuspüren; da würde sich auch zeigen, ob diese bereits ein Gedicht über die Armada enthielt und dort etwa auch schon der Medaille erwähnt wurde, von der Düntzer glaubt, daß Mercier sie nach einer Notiz im Spectator vom 5. Februar 1712 anführe. Wahrscheinlich bleibt mir, daß auch nach der etwaigen Auffindung der Quelle des Mercierschen Aufsatzes sich Schillers Abhängigkeit allein von Mercier herausstellen wird, aber Sicheres ist vor Auffindung jener Quelle Merciers noch nicht zu entscheiden.

95.

Am 2. Mai 1787.

[Gödeke IV 180; Bellermann IX 112.]

Das Gedicht ist gerichtet an Henriette v. Arnim, die Schiller auf einem Maskenball kennen gelernt hatte, und die ihm einige Wochen hindurch „den Kopf warm" machte und ihn „aus dem Konzept brachte". Vgl. Schillers Brief an Siegfried Gotthelf Koch [Jonas 197]. Zuerst abgedruckt wurden die Verse in Schenkendorfs Studien 1808 nach einer Abschrift Schenkendorfs vom Original. In Vers 27 ist hier und bei Gödeke fälschlich „selbst" statt „sich" gedruckt. Vgl. Vorberger, Archiv f. Littgesch. II 260.

V. 7 u. 8: Und durch die Larve, die ich trug,
Las dieser Blick in meinem Herzen.

Vgl. Don Carlos 940: „Doch durch die Larve winkt dein Karl dir zu".

V. 32: Die Freundin eines Freunds zu sein.

Vgl. An die Freude 15: „Eines Freundes Freund zu sein".

V. 36: Doch ewig soll das Bündnis sein.

Schon wenige Tage später löste sich bekanntlich die Liebschaft. Nun trat, wie es scheint, Charlotte v. Kalbs Bild wieder heller vor Schillers Seele. Nicht die Sehnsucht zu ihr allein, aber sie doch auch mit, trieb ihn nach Weimar und mit der Uebersiedlung dorthin tritt ein entschiedener Abschnitt in Schillers Leben ein. Er fühlte, daß er auf „dem breiten Polster des Glücks", das ihm im Körnerschen Hause bereitet war, in Gefahr sei, sich selbst untreu zu werden, und es drängte ihn jetzt, auf sich selber zu stehen, ganz allein. Wieder riß er sich entschlossen los, wie einst aus Stuttgart, dann aus Bauerbach, dann aus Mannheim, im Gefühle, was er sei, und was er sich und der Welt schulde. Jetzt wollte er ein selbständiger Mann werden, und so schließe ich mit seiner Uebersiedlung nach Weimar auch seine Jugendjahre, wenn auch natürlich seine Dichtungen nicht plötzlich, wie mit einem Ruck, einen andern Charakter erhalten. Deutlicher erkennbar und plötzlicher offenbart sich der wichtige Abschnitt seines äußeren und inneren Lebens in seinen Briefen; kaum ist der erste Trubel der neuen Bekanntschaften und der Wiederanknüpfung des aufregenden Verhältnisses mit Charlotte vorüber, so hat er gerade durch den Verkehr mit den bedeutendsten Geistern seiner Zeit, Wielands und Herders, und einer Reihe Jenenser Gelehrten neuen Mut gewonnen, zum Höchsten zu streben, und schon vier Wochen nach seinem Eintritt in Weimar hat er sich mit Ernst in eine neue Arbeit vertieft, in die Geschichte des Abfalls der Niederlande. „Ich bin voll von meiner Materie", schreibt er am 18. August [Jonas 211], „und arbeite mit Lust", und im Briefe an Huber vom 28. August [Jonas 213] schreibt er: „Das Resultat aller meiner hiesigen Erfahrungen ist, daß ich meine Armut erkenne, aber meinen Geist höher anschlage, als bisher geschehen war". Und mit dieser Erkenntnis seines Geistes ist zugleich auch der männliche Entschluß gefaßt, mit Gelassenheit sein Leben daran zu setzen, um das zu werden, was er jetzt weiß, werden zu können. „Er [der Himmel] gab uns Zeit, und wir haben alles, sobald wir Verstand und ernstlichen Willen haben, mit diesem Kapital zu wuchern". Und dieser Entschluß führte den Dichter plötzlicher in das Mannesalter über, als sich sonst der Uebergang vom Jüngling zum Manne zu vollziehen pflegt.

[Abgeschlossen im Juli 1900.]

Verzeichnis.

Die großen Ziffern zeigen die Seitenzahlen an, auf denen die Gedichte behandelt, die kleinen die Seitenzahlen, wo sie citiert werden.

Druckfehler.

S. 17, Z. 4, lies: Mutter. — S. 29, Z. 27, lies: Riesenpuppen. — S. 57, Z. 29, lies: Rousseau. — S. 59, Z. 1, lies: dichtete, aber irgendwie. — S. 64, Z. 11, lies: scheint mir nicht der Ausdruck u. s. w. — S. 64, Z. 13, lies: das heißt. — S. 68, Z. 4, lies: braucht. — S. 72, Z. 4, lies die Nummer: 24. — S. 83, Z. 1, lies: wallen, daß u. s. w. — S. 135, Z. 26, lies: abtreten. — S. 138, Z. 26, lies: also nur noch. — S. 141, Z. 20, lies: Fiesko III 8: in einen großen — großen Adelsbrief gewickelt. — S. 144, Z. 9, lies: Sturm. — S. 144, Z. 15, lies: auf Schillers Verhältnis. — S. 160, Z. 22, lies: Julius von Tarent.

FSC
www.fsc.org
MIX
Papier | Fördert gute Waldnutzung
FSC® C083411

Kolibri 360 GmbH
Ferdinand-Jühlke-Straße 7
99095 Erfurt, Deutschland
produktsicherheit@kolibri360.de